人工智能
应用实战

北京百度网讯科技有限公司 广州万维视景科技有限公司 ◉ 联合组织编写

刘艳飞 常城 ◉ 主编

赖小平 蔡基锋 陈晓红 ◉ 副主编

Artificial Intelligence Application
Practical Combat

人民邮电出版社

北 京

图书在版编目（CIP）数据

人工智能应用实战 / 刘艳飞，常城主编. -- 北京：
人民邮电出版社，2022.8
"1+X"职业技能等级证书配套系列教材
ISBN 978-7-115-57581-4

Ⅰ. ①人… Ⅱ. ①刘… ②常… Ⅲ. ①人工智能－职
业技能－鉴定－教材 Ⅳ. ①TP18

中国版本图书馆CIP数据核字(2021)第257860号

内 容 提 要

　　本教材较为全面地介绍了人工智能应用场景下的数据采集、数据处理、数据标注等技术。全书分为4篇，共12个项目，包括了解数据采集、了解网络数据采集、了解端侧数据采集、数据存储与加载、了解数据处理、图像数据处理、文本数据处理、了解数据标注、图像数据标注、文本数据标注、深度学习图像分类应用实战、深度学习情感分析应用实战等内容。本教材以企业用人需求为导向、以岗位技能和综合素质为核心，通过理论与实战相结合的方式组织内容，以培养能够根据项目需求完成数据的采集、处理、标注等的人才。

　　本教材可用于1+X证书制度试点工作中的人工智能深度学习工程应用职业技能等级证书（初级）的教学和培训，也适合作为中等职业学校、高等职业院校、应用型本科院校人工智能相关专业的教材，还适合作为需补充学习深度学习应用开发知识的技术人员的参考用书。

◆ 主　　编　刘艳飞　常　城
　　副主编　赖小平　蔡基锋　陈晓红
　　责任编辑　初美呈
　　责任印制　王　郁　焦志炜
◆ 人民邮电出版社出版发行　　北京市丰台区成寿寺路 11 号
　　邮编　100164　　电子邮件　315@ptpress.com.cn
　　网址　https://www.ptpress.com.cn
　　固安县铭成印刷有限公司印刷
◆ 开本：787×1092　1/16
　　印张：10.5　　　　　　　　　　2022 年 8 月第 1 版
　　字数：265 千字　　　　　　　　2025 年 1 月河北第 3 次印刷

定价：39.80 元

读者服务热线：(010)81055256　印装质量热线：(010)81055316
反盗版热线：(010)81055315
广告经营许可证：京东市监广登字 20170147 号

前 言

PREFACE

随着互联网、大数据、云计算、物联网、5G 通信技术的快速发展以及以深度学习为代表的人工智能技术的突破，人工智能领域的产业化成熟度越来越高。人工智能正在与各行各业快速融合，助力传统行业转型升级、提质增效，在全球范围内引发了全新的产业发展浪潮。艾瑞咨询公司提供的数据显示，超过 77% 的人工智能企业属于应用层级企业，这意味着大多数人工智能相关企业需要的人才并非都是底层开发人才，更多的是技术应用型人才，这样的企业适合职业院校和应用型本科院校学生就业。并且，许多人工智能头部企业开放了成熟的工程工具和开发平台，可促进人工智能技术广泛应用于智慧城市、智慧农业、智能制造、无人驾驶、智能终端、智能家居、移动支付等领域并实现商业化。

教育、科技、人才是全面建设社会主义现代化国家的基础性、战略性支撑。本书全面贯彻党的二十大精神，坚持科技是第一生产力、人才是第一资源、创新是第一动力，深入实施科教兴国战略、人才强国战略、创新驱动发展战略，开辟发展新领域新赛道，不断塑造发展新动能新优势。为积极响应《国家职业教育改革实施方案》，贯彻落实《国务院办公厅关于深化产教融合的若干意见》和《新一代人工智能发展规划》的相关要求，应对新一轮"科技革命"和"产业变革"的挑战，促进人才培养供给侧和产业需求侧结构要素的全方位融合，深化产教融合、校企合作，健全多元化办学体制，完善职业教育和培训体系，培养高素质劳动者和技能人才，北京百度网讯科技有限公司联合广州万维视景科技有限公司以满足企业用人需求为导向，以岗位技能和综合素质培养为核心，组织高职院校的学术带头人和企业工程师共同编写本书。本书是"1+X"证书制度试点工作中的人工智能深度学习工程应用职业技能等级证书（初级）的指定教材，采用"教、学、做一体化"的教学方法，可为培养高端应用型人才提供适当的教学与训练。本书以实际项目转化的案例为主线，按"理实一体化"的指导思想，从"鱼"到"渔"，培养读者的知识迁移能力，使读者做到学以致用。

本书主要特点如下。

1. 引入百度人工智能工具平台技术和产业实际案例，深化产教融合

本书以产学研结合作为教材开发的基本方式，依托行业、头部企业的人工智能技术研究和业务应用，开展人工智能开放平台的教学与应用实践，发挥行业企业在教学过程中无可替代的关键作用，提高教学内容与产业发展的匹配度，深化产教融合。通过本书，读者能够依托工具平台，如百度公司的 EasyData 智能数据服务平台、EasyDL 零门槛 AI 开发平台等，高效地进行学习和创新实践，掌握与行业企业要求匹配的专业技术能力。

前 言
PREFACE

2. 以"岗课赛证"融通为设计思路，培养高素质技术技能型人才

本书基于人工智能训练师国家职业技能标准的技能要求和知识要求进行设计，介绍完成职业任务所应具备的专业技术能力，依据"1+X"人工智能深度学习工程应用职业技能等级标准证书考核要求，并将"中国大学生计算机设计大赛""中国软件杯大学生软件设计大赛"等竞赛中的新技术、新标准、新规范融入课程设计，将大赛训练与实践教学环节相结合，实施"岗课赛证"综合育人，培养学生综合创新实践能力。

3. 理论与实践紧密结合，注重动手能力的培养

本书采用任务驱动式项目化体例，每个项目均配有实训案例。在全面、系统介绍各项目知识准备内容的基础上，介绍可以整合"知识准备"的案例，通过丰富的案例使理论教学与实践教学交互进行，强化对读者动手能力的培养。

本书为融媒体教材，配套视频、PPT、电子教案等资源。读者可扫码免费观看视频，登录人邮教育社区（www.ryjiaoyu.com）下载相关资源。本教材还提供在线学习平台——Turing AI 人工智能交互式在线学习和教学管理系统，以方便读者在线编译代码及交互式学习深度学习框架开发应用等技能。如需体验该系统，读者可扫描二维码关注公众号，联系客服获取试用账号。

慕课视频

本书编者拥有多年的实际项目开发经验，并拥有丰富的教育教学经验，完成过多轮次、多类型的教育教学改革与研究工作。本教材由中山职业技术学院刘艳飞、北京百度网讯科技有限公司常城任主编，广东交通职业技术学院赖小平、广州市轻工职业学校蔡基锋、许昌电气职业学院陈晓红任副主编，广州万维视景科技有限公司李伟昌、马敏敏等工程师也参加了图书的编写工作。

万维视景公众号

由于编者水平有限，书中不妥或疏漏之处在所难免，殷切希望广大读者批评指正。同时，恳请读者发现不妥或疏漏之处后，能于百忙之中及时与编者联系，编者将不胜感激，E-mail：veryvision@163.com。

编者
2023 年 5 月

目 录

CONTENTS

目 录
CONTENTS

目 录

CONTENTS

目 录
CONTENTS

第1篇
数据采集

新一代信息技术与各产业结合形成数字化生产力和数字经济，是现代化经济体系发展的重要方向，要加快发展数字经济，促进数字经济和实体经济深度融合，打造具有国际竞争力的数字产业集群。本教材将讲解基于业务场景的人工智能项目开发的基本步骤，并详细解析数据采集、数据处理、数据标注等重要步骤，可使读者学会利用Python实现人工智能项目开发的数据准备，同时熟练掌握人工智能相关平台的使用方法。而本篇将讲解数据采集的基本概念、网络数据及端侧数据的采集方法，以及数据存储与加载的具体方式，最终使读者能够利用相关工具对网络数据以及端侧数据进行采集。

项目 1
了解数据采集

01

近年来，随着网络和信息技术的不断发展，人类社会产生的数据量正在呈指数级增长。世界上每时每刻都在产生数据，包括大量的社交网络数据、物联网传感器数据、商品交易数据等。面对日益增长的数据量，如何采集数据并对之进行转换存储以及高效率的分析成了巨大的挑战。

项目目标

（1）了解大数据的数据来源和数据类型。
（2）了解数据采集的方式及要求。
（3）了解数据采集的应用行业。

项目描述

数据采集简单来说是对数据进行 ETL 操作，即抽取（Extract）、转换（Transformation）、装载（Load）。如图 1-1 所示，只有先将分散、零乱、标准不统一的数据整合到一起，构建数据仓库，然后才能对数据进行分析和处理。因此数据采集是数据分析过程中非常重要的一个环节。

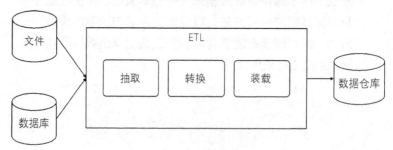

图 1-1 ETL 操作流程

本项目将介绍数据和数据采集方式，以及数据采集的应用行业，以便读者初步了解数据采集。

项目实施部分将通过一个简单的"石头剪刀布"图像数据采集案例，进一步帮助读者认识数据采集的工作流程并加深其对数据集的理解。

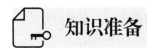

知识准备

读者在了解数据采集的要求和方式之前，首先应了解大数据（Big Data）的定义，以及大数据的数据来源和数据类型两个重要知识点，为学习数据采集奠定基础。大数据是"信息时代"发展到一定阶段的产物。随着信息技术和人类生产生活的深度融合、互联网的快速普及，全球数据呈现爆发增长、海量集聚的特点。

1.1 大数据

首先来看一组公式：1024B=1KB，1024KB=1MB，1024MB=1GB，1024GB=1TB，1024TB=1PB，1024PB=1EB，1024EB=1ZB。而 1ZB 约为"十万亿亿字节"。大数据通常指数据量超过一定大小，无法用常规的硬件设备和软件工具在规定时间内进行管理或处理的数据集合。一般情况下，数据量达 100TB 以上的数据可以认为是大数据。

大数据的定义较为宽泛，要形成"人工智能时代"下的对于大数据的认知，就需要进一步了解大数据的数据来源和数据类型两个重要知识点。

1.1.1 数据来源

目前，随着人工智能、大数据的不断发展，全球数据总量呈现指数级增长态势。据互联网数据中心统计，2017 年，全球的数据总量约为 21.6ZB，目前全球数据总量每年增长约 40%。按数据产生的形式进行划分，数据来源可主要分为以下两类。

（1）通过人类活动产生。如社交软件中的聊天数据、电子商务中的交易日志数据等都产生于该数据来源。在"信息时代"，每个人不仅是信息的接收者，也是信息的产生者。

（2）通过传感器设备产生。如温 / 湿度传感器获取的温 / 湿度数据、压力传感器获取的压力数据等都产生于该数据来源。早在 2017 年，全球就已经有 30 亿～ 50 亿个传感器，这些传感器24 小时不停地产生数据，导致信息的爆发式增长。其中科学研究中传感器产生的数据量极大，如石油部门用地震勘探的方法探测地质构造、寻找石油，需要用大量传感器采集地震波形数据；高铁的运行要保障安全，需要在铁轨周边大量部署传感器，从而感知异物、滑坡、水淹、变形、地震等异常。

1.1.2 数据类型

人类活动与传感器设备带来了海量的数据，而对于人工智能应用而言，其常用的数据类型较为有限。常用的数据类型包括图像数据、语音数据和文本数据 3 种。

（1）图像数据是指在计算机中用数值表示的图像中各像素的集合。图像数据为交通、安防、医疗等领域的人工智能应用和产品提供了视觉功能基础。如在自动驾驶中，识别街景中的红绿灯、车辆或道路标志；在人脸检测中，获取人脸面部信息等。

（2）语音数据是指以数字形式存储在计算机系统中的声音数据。语音数据为问答交互系统以及对话机器人等人工智能应用的研发提供了前提。但与图像数据和文本数据相比，采集的语音数据的数据源通常存在大量嘈杂、错误以及无用的信息，因此在采集语音数据之后，需要进行进一步的筛选和处理。

（3）文本数据是指不能参与算术运算的任何字符，也称为字符型数据。它在人工智能应用中的自然语言处理（Natural Language Processing，NLP）领域具有重要作用，常用于解决中文分词、命名实体识别等序列标注问题，以及情感分类、意图分类等文本分类问题。

1.2 数据采集

接下来介绍数据采集方面的相关知识，为日后针对不同数据来源和数据类型的数据进行采集奠定基础。

数据采集，又称数据获取，是指利用装置从系统外部采集数据并将其输入系统内部的一种技术。

在互联网行业快速发展的今天，数据采集已经被广泛应用于互联网领域，另外，数据采集也是数据分析的"入口"，所以它是相当重要的一个环节。本节将介绍数据采集的三大要求以及数据采集方式。

1.2.1 数据采集的三大要求

数据采集的重要性不言而喻，数据采集的要求如表 1-1 所示。

表1-1 数据采集的要求

要求	说明
全面性	全面性是指数据量具有足够的分析价值，数据面足够支撑分析需求
多维性	多维性要求能够灵活、快速地自定义数据的多种属性和不同类型，从而满足不同的分析目标
高效性	高效性既包含技术执行的高效性，又包含团队内部成员协同及数据分析需求和目标实现的高效性。因此在采集数据的过程中，一定要明确采集目的，带着问题搜集信息，使采集过程更高效、更有针对性

1.2.2 数据采集方式

随着大数据在不同领域的应用，其数据量、特点及用户群体出现了分化。且在不同应用领域，应根据数据源的物理性质及数据分析的目标，采取不同的数据采集方式。下面介绍 4 种数据采集方式。

1. 网络数据采集

网络数据采集使用范围比较广泛，是指对现实网页中的数据进行采集、预处理和保存。目前网络数据采集主要包含两种方法，分别是 API（Application Programming Interface，应用程序编程接口）法和网络爬虫法。

- API 法。API 是网站的管理者为了使用者方便而编写的。该类接口可以屏蔽网站底层复杂算法，仅通过简单调用即可实现对数据的请求功能。目前主流的社交媒体平台如新浪微博、百度贴吧等均提供 API 服务，用户可以在其官网开放平台上获取相关 DEMO（Demonstration，演示）文档。但是 API 技术毕竟受限于平台开发者，为了减小网站（平台）的负荷，一般平台均会对接口每天调用的上限进行限制，这会给用户带来极大的不便。因此网络数据采集通常采用另一种方法——网络爬虫法。

- 网络爬虫法。网络爬虫是一种按照一定规则，自动抓取万维网信息的程序或者脚本。爬虫也被称为蚂蚁、自动索引、模拟程序或者蠕虫。常见的爬虫便是日常生活中经常使用的搜索引擎，如百度搜索、360 搜索等。

2. 端侧数据采集

端侧数据采集是指通过传感器、摄像头、麦克风等设备自动采集数据的过程。被采集的数据主要是已转换成电信号的各种物理数据，如温 / 湿度、速度、水位、压力等。

3. 数据库采集

传统企业一般会使用传统的关系数据库 MySQL 和 Oracle 等来存储数据。随着"大数据时代"的到来，Redis、MongoDB 和 HBase 等 NoSQL（Not Only SQL）数据库（泛指非关系数据库）常被作为数据采集的来源。企业通过在采集端部署大量数据库，并在这些数据库之间进行负载均衡和分片（即对采集任务进行平衡，并将任务分摊到多个操作单元上执行），来完成大数据采集工作。

4. 系统日志采集

系统日志可以记录系统中的软硬件和系统问题的信息，因此其分类包括系统日志、安全日志和应用程序日志；同时，系统日志也可以监视系统中发生的事件。如在系统受到攻击时，用户可以通过采集系统日志，寻找攻击者留下的"历史痕迹"，或者寻找系统发生错误的原因等。

目前，系统日志采集技术的传输速度达到了每秒数百兆字节，能基本满足人们对信息传输速度的需求。高可用性、高可靠件、高可扩展性是系统日志采集所具有的基本特征。

系统日志采集一般通过一些日志收集系统来实现，目前比较常用的开源系统有 Flume、Scribe 等。

1.3 数据采集的应用行业

不管是网络数据还是端侧数据，采集优质的数据对于各行各业的发展都有非常大的帮助。例如，生产线上对于生产状况的实时检测，需要端侧数据采集技术；而搜索引擎的应用则需要网络数据采集技术。可见数据采集技术的应用非常广泛。总体来看，数据采集技术的应用行业可以分为以下 4 类。

1. 互联网和营销行业

互联网和营销行业目前正处在迅速发展的阶段，行业中拥有大量实时产生的数据。其中在互联网企业的运营工作中，业务数据化是基本的要求，因此其大数据应用的程度也很高。营销类企业旨在为消费者提供个性化的营销服务，其工作的开展通常需基于互联网用户的行为数据进行分析，所以也离不开数据采集技术。

2．金融及电信行业

因为金融及电信等行业较早地进行了信息化建设，所以其信息化建设水平相对较高。具体表现在企业内部业务系统的信息化流程比较完善，积累了大量的内部数据，并且有一些深层次的分析类应用，目前这些行业企业正处于将内外部数据结合起来共同为业务服务的阶段。

3．电子政务及公共事业行业

电子政务及公共事业行业中，企业不同部门在信息化程度和数据化程度上差异仍较大，像交通行业中已经有了不少大数据应用案例，但还有一些行业仍处在数据采集和积累阶段。电子政务及公共事业行业在数据采集方面的发展将会是未来整个大数据产业快速发展的关键，通过政务信息及公用数据的开放，可以使电子政务及公共事业行业的数据在线化发展得更快，并以此刺激大数据应用的发展。

4．制造业、物流、医疗、农业等行业

制造业、物流、医疗、农业等行业的大数据应用水平目前还处在初级阶段，但未来消费者驱动的C2B（Customer to Business，消费者到企业）模式会倒逼这些行业的大数据应用进程逐步加快。例如，传统制造业由于信息传递缓慢而零散，会导致产品库存过多的现象出现，要想解决该问题，可以从大数据入手。另外，未来人们对个性化的需求会越来越高，因此互联网和大数据等的应用将更加重要。

✖ 项目实施 ｜ "石头剪刀布"图像数据采集

1.4 实施思路

在知识准备部分，我们已经大致了解了网络数据采集、端侧数据采集、数据库采集和系统日志采集共4种数据采集方式，这些数据采集方式虽然使用的技术各不相同，但其目的都是获取数据。接下来将通过一个简单的"石头剪刀布"图像数据采集案例，进一步介绍数据采集的工作流程，以加深读者对数据集的认识。本项目的实施思路如下。

（1）采集手势图像数据。

（2）进行视频抽帧。

（3）分类整理图像数据形成数据集。

1.5 实施步骤

步骤1：采集手势图像数据

开展数据采集的第一步是获取原始数据。本项目的目标是获取"石头剪刀布"的手势图像，

因此可以采用拍摄图像或录制视频的方式来获取相应的图像数据。图 1-2 所示为手势图像的数据采集流程。

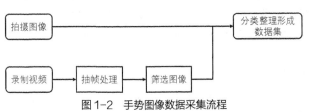

图1-2　手势图像数据采集流程

（1）拍摄图像

拍摄图像是原始的图像数据采集方式之一。随着科技的进步，在日常生活中就可以通过相机或者智能手机进行图像拍摄，这些图像就成了原始的图像数据。通过电了设备拍摄图像、采集图像数据很方便，但在实际应用场景中，还要考虑数据量的大小。本项目计划采集 60 个左右的图像，工作量不大，但在面对数据量需求达到上千甚至上万个图像的时候，若采用逐一拍摄图像的方式进行数据采集就会有些困难。

（2）录制视频

在知识准备部分已经介绍了数据采集的要求，其中包括技术执行的高效性。具体到项目中的图像采集，在进行手势图像的数据采集时，相较于逐一拍摄几十个图像，先录制视频再进行视频抽帧会更便捷。因此在本项目中，将介绍使用智能手机录制"石头剪刀布"的手势视频。首先打开智能手机自带的相机软件并开启录像模式，按录制按钮进行视频的录制，如图 1-3 所示，录制结束后按结束录制按钮，视频将被保存至指定的路径下。

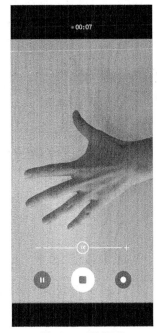

图1-3　录制视频

（3）注意事项

在采集图像数据的过程中，不管是采用拍摄图像还是录制视频的方式，在拍摄或录制过程中，都需要注意表 1-2 所示的 4 个方面。

表1-2　采集数据过程中的注意事项

注意事项	说明
图像内容	图像中仅可出现一个手势，应尽量选用纯色且与肤色有较大区别的物体作为背景。因此，在视频录制过程中，可以将白色的桌面或墙面作为背景，依次缓慢摆出"剪刀""石头""布"3 个手势并进行拍摄，便于后面进行抽帧处理
拍摄角度	为了满足数据的全面性要求，图像内容需要覆盖实际应用场景中所有差异性较大的角度。因此，在拍摄过程中，可以通过翻转同一个手势来达到多角度拍摄的目的
清晰度	图像分辨率建议达到 1920 像素 ×1080 像素以上，拍摄相机的像素建议达到 200 万像素以上，保证图像中的手势清晰不模糊
数据量	采集的数据量应覆盖实际应用场景中可能出现的各种情况，可根据具体情况调整并确定各个手势的拍摄角度及数据量。在本项目中，推荐 3 个手势分别采集 14 个图像作为训练集的数据以及分别采集 6 个图像作为测试集的数据，单个手势采集 20 个图像，一共需要采集 60 个图像。因此，若采用录制视频的方式，建议视频拍摄时长为 1 min 左右，即 1 s 变换一个手势或角度

（4）数据传输

图像拍摄或视频录制完成后，需要把图像或视频文件传输到计算机上进行分类整理并形成数据集。智能手机和计算机的数据传输可以通过 USB（Universal Serial Bus，通用串行总线）、U 盘、蓝牙或 Wi-Fi 等连接方式完成，可以根据实际情况选择最为方便的方式进行图像或视频文件的传输。

步骤 2：进行视频抽帧

因为视频文件并不能直接作为图像数据使用，所以需要进行视频截图或者抽帧处理以保证数据格式的准确性，抽帧即从视频画面中抽出单幅画面。在步骤 1 中，若采用拍摄图像的方式，则不需要此步骤的操作，直接将图像数据传输到计算机上分类整理即可。接下来将介绍通过几种不同的方式进行视频文件的抽帧处理。

（1）截图抽帧处理

视频文件传输到计算机上后，Windows 用户可播放"剪刀石头布"视频并使用"Windows+PrintScreen"组合键进行快速截图。完成截图后，通常可到"屏幕截图"文件夹（路径：C:\Users\用户名 \Pictures\Screenshots）中查看截取的图像是否符合上文中提到的具体要求。接着根据图像的具体情况，对图像进行边缘裁剪，留下手势图像即可。图 1-4 所示为截图抽帧处理后的结果。

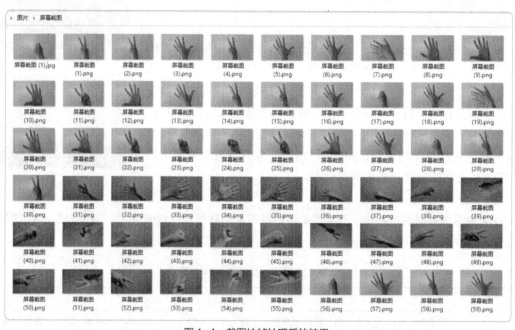

图 1-4　截图抽帧处理后的结果

（2）使用工具完成抽帧处理

除了采用简单的截图抽帧外，还可以使用工具进行便捷的抽帧操作。FFmpeg 是一个用于记录、转换流式传输音频和视频的工具，在本项目中，可以利用该工具来进行视频的抽帧处理。

① 安装所需环境

使用工具进行抽帧处理需要安装 Python，若计算机已经装好 Python，则可直接跳过此步骤，若未安装 Python，则可以通过以下步骤进行安装。

a. 此处介绍安装 Python 3.8.1。Python 安装包保存在人工智能交互式在线实训及算法校验系统的 data 目录下，如图 1-5 所示，勾选对应文件复选框即可将其下载至本地。

<p style="text-align:center">图 1-5　下载 Python 安装包</p>

　　b.　下载完成后，双击打开"python-3.8.1-amd64.exe"应用程序，在弹出的安装向导界面中，勾选"Add Python 3.8 to PATH"复选框，如图 1-6 所示，这样可以将 Python 命令工具所在目录添加到系统 PATH 环境变量中，之后开发程序或者运行 Python 命令会非常方便。接着选择"Install Now"选项进行安装，待界面中显示"Setup was successful"即安装完成。

　　c.　安装完成之后，可以通过以下步骤进行 Python 和 pip 安装的验证。

　　按"Win+R"组合键，在弹出的"运行"对话框中，输入"cmd"，单击"确定"按钮打开命令提示符窗口，如图 1-7 所示。

<div style="display:flex;justify-content:space-between">
<p>图 1-6　Python 安装界面</p>
<p>图 1-7　"运行"对话框</p>
</div>

　　在打开的命令提示符窗口中，输入以下命令并按"Enter"键，确认 Python 的版本号。

```
python --version
```

输出结果如下。

```
Python 3.8.1
```

输入以下命令并按"Enter"键，确认 pip 的版本号。

```
python -m pip --version
```

输出结果如下。

```
pip 21.0.1
```

　　② 导入抽帧工具

　　在 Windows 平台上，可以按"Win+R"组合键打开"运行"对话框，在其中搜索"cmd"打开命令提示符窗口。在命令提示符窗口中输入以下代码并按"Enter"键，安装 FFmpeg 工具。

```
pip install ffmpeg-python
```

如果出现以下代码，说明 FFmpeg 已经成功安装。

```
Successfully installed ffmpeg-python-0.2.0
```

　　③ 定位文件

　　接下来，需要定位视频所在的文件夹。打开视频所在的文件夹，复制文件夹地址栏中的地址，并在命令提示符窗口中使用"cd"命令进行文件的定位。下面的代码表示，文件定位于计算机桌面上名为"剪刀石头布"的文件夹。

```
cd C:\Users\ 用户名 \Desktop\ 剪刀石头布
```

④ 视频抽帧

使用如下代码进行视频抽帧。

```
ffmpeg -i " 剪刀石头布 .mp4" -r 1 -q:v 2 -f image2 picture%d.jpeg
```

该行代码的相关参数及其说明如表1-3所示。

表1-3　参数及其说明

参数	说明
-i	获取视频文件，其后面可以输入文件所在地址
-r	设置每秒提取图像的帧数，-r 1 便是设置为每秒提取 1 帧图像
-q	设置提取图像的质量
-f	设置提取图像的名称及图像格式，格式一般为 PNG、JPG 或 JPEG
%d	设置输出格式化的整数，picture%d 便是设置为按照"picture+ 序号"进行图像命名

抽帧完成后，在原视频文件夹中便可找到对应的帧图像，如图1-8所示。在对图像进行筛选并确保图像符合要求后，即可进行分类整理。

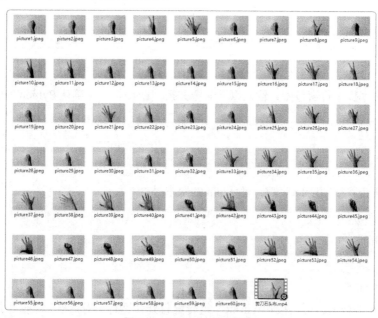

图1-8　FFmpeg 抽帧结果

（3）其他方式

除了使用以上方式进行抽帧处理外，还可以在网络上搜索"抽帧软件"或"在线抽帧"，进入对应页面进行抽帧操作。

步骤 3：分类整理图像数据形成数据集

（1）新建 train 文件夹和 test 文件夹，分别用于存放训练集和测试集的图像数据。接着在 train

文件夹中创建 3 个空白文件夹，并按照相对应的标签进行命名。本项目的数据集共有 3 种标签，即 hand、rock 和 scissors，对应中文名称分别为"布""石头"和"剪刀"。train 文件夹的文件结构如图 1-9 所示。test 文件夹中，同样按照此结构进行整理。

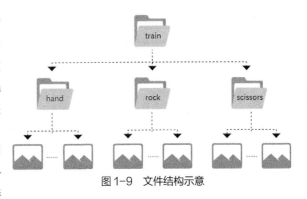

图 1-9　文件结构示意

（2）整理好图像后，分别按照 3 种标签即 hand、rock 和 scissors 进行图像命名。按"Ctrl+鼠标左键"组合键选择对应的手势图像，接着按"F2"键进行重命名，输入相对应的名称即可。hand 文件夹中的图像命名如图 1-10 所示。

图 1-10　图像命名

（3）在每个文件夹中分别放入对应的手势图像，图 1-11 所示便是训练集和测试集中的 hand 文件夹中的图像数量分布情况。对 rock 和 scissors 文件夹同样按照以上步骤进行分类整理即可完成数据集的整理。

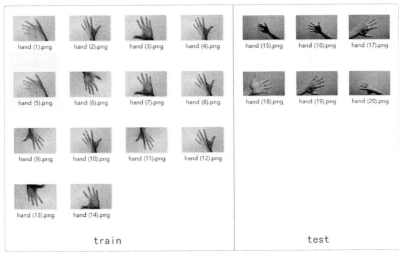

图 1-11　图像数量分布情况

通过以上步骤，可完成"石头剪刀布"图像数据集的分类整理，最后将文件打包存储即可。另外，数据采集方式多种多样，如项目2"网络数据采集"中，将会使用爬虫进行网页图像数据的爬取。在实际场景中，可以根据具体的情况采用相对便捷的方式进行数据采集。

知识拓展

在大数据高速发展的同时，数据采集工作面临着诸多问题与挑战，主要涉及以下几个方面的内容。

1. 数据量大

对于一个系统来说，数据量的大小和处理技术难度是成正比的。特别是在"大数据时代"，面对海量的数据，无论是进行数据的采集、处理还是标注，都需要技术的同步跟进。

2. 协议不标准

网络数据采集面临的一般都是常见的HTTP（Hypertext Transfer Protocol，超文本传送协议）等协议，但在工业领域会出现如控制器局域网总线协议（Controller Area Network，CAN）等各类型的工业协议，而且各个自动化设备生产厂家还会自行设定各种私有的工业协议，导致数据采集在工业领域的应用出现了极大的困难。

3. 原有系统数据的采集难度大

在工业企业开展大数据项目时，数据采集往往不是针对传感器或者可编程逻辑控制器（Programmable Logic Controller，PLC）的，而是采集已经部署完成的自动化系统上位机所产生的数据。

但厂商的业务水平不一，导致在部署自动化系统时并没有提供数据接口及文档，且大量系统没有点表（设备采集的各种量）等基础数据，使得对于这部分数据的采集难度极大。

4. 对于安全问题考虑不足

不管数据采集是应用在互联网行业还是工业领域，安全问题都应该是突出考虑的重点。例如，之前的工业系统都是运行在局域网中的，一旦需要通过云端调度工业之中核心的生产能力，若对于安全问题的考虑不充分，则可能会造成损失。

课后实训

（1）在计算机的数据存储单位换算中，1026MB=1GB。（　　）【判断题】

（2）以下数据中，属于通过传感器设备产生的数据是（　　）。【单选题】

  A. 聊天数据 B. 温/湿度数据 C. 系统日志数据 D. 电子交易数据

（3）对数据进行 ETL 操作，不包括（　　）。【单选题】

  A. 抽取 B. 装载 C. 转换 D. 分析

人工智能应用实战

（4）下列说法中，错误的是（　　）。【单选题】

    A. 石油部门所采集的地震波形数据属于传感器设备产生的数据

    B. 系统日志的采集一般通过一些日志收集系统来实现

    C. 数据采集的高效性指的是数据面足够支撑分析需求

    D. 图像数据是指在计算机中用数值表示的图像中各像素的集合

（5）在下列选项中，属于网络数据采集方法的有（　　）。【多选题】

    A. API 法　　　　B. 数据库采集　　　　C. 系统日志采集　　　　D. 网络爬虫法

项目 2
了解网络数据采集

02

在数据量暴增的"互联网时代",用户使用网站的搜索引擎从数据库中搜索结果,买家通过电商商家陈列在网站上的产品描述和价格等来挑选心仪的产品,以及社交媒体在用户生态圈产生大量文本、图像和视频数据等,本质上都是数据的交换。"互联网时代"产生的大量数据,若能够被充分地进行分析和利用,就能够帮助企业做出更好的决策。而网络数据采集,则是数据分析的一个环节,当数据量越来越大时,可被提取的有用数据也就越多。

**项目
目标**

（1）了解网络爬虫的基本原理。
（2）了解网络爬虫的基本流程。
（3）了解网络爬虫的相关工具。
（4）掌握基本的网络数据采集方法。

 ## 项目描述

搜索引擎离不开网络数据采集,搜索引擎的数据采集系统主要通过爬虫来实现。爬虫每天会在海量的互联网信息中爬取优质信息并收录,当用户在搜索引擎上检索对应关键词时,爬虫将对关键词进行分析、处理,从收录的网页中找出相关网页,按照一定的排名规则进行排序并将结果展现在页面上供用户查看。医疗、交通、旅游、金融、教育等多个领域对网络数据采集的技术水平要求将越来越高。

本项目将着重介绍网络数据采集中的网络爬虫法的基本原理和流程,并利用 Python 实现对人工智能交互式在线实训及算法校验系统上的"石头剪刀布"静态页面数据的爬取。

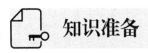

知识准备

网络数据采集可分为 API 法和网络爬虫法。API 法是指一些网站将所有用户交互所尝试获取的数据直接放在 API 中，通过访问 API 即可获取到全部数据，使用正则表达式进行提取就能获取到想要的数据。而网络爬虫法则是模拟用户操作在网页上获取数据，通过定制规则截取并保存所需要的数据。其中网络爬虫法的使用更加广泛，可浏览网络中的信息，也可以按照定制的规则浏览特定的信息并采集。本项目将主要介绍使用网络爬虫法进行网络爬虫的基本原理及相关工具等。

2.1　网络爬虫的原理及流程

网络爬虫是一种从网页上抓取数据信息，通过定制过滤规则对数据进行过滤，并保存过滤后的数据的自动化程序。如果把互联网比作一张大的蜘蛛网，数据便存放于蜘蛛网的各个节点上，而爬虫就是一只"小蜘蛛"，沿着网络到各个节点抓取需要的数据。这些数据可以是 HTML 文档、PDF 文档、Word 文档、图像、视频和音频等，都是用户可以看见的。网络爬虫的主要思想是模拟人类的浏览操作，在这种模拟的基础上解析网页、提取数据。下面简要介绍网络爬虫的基本流程，如表 2-1 所示。

表2-1　网络爬虫的基本流程

流程	说明
获取网页源代码	网络爬虫第一步是利用 URL（Uniform Resource Locator，统一资源定位符），通过一定的方式获取网页的源代码。获取网页源代码可以简单理解为，在本地发起一个服务器请求，服务器则会返回网页的源代码，其中通信的底层原理较为复杂，而 Python 封装好了 urllib 和 requests 等库，利用这些库可以非常简单地发送各种形式的请求
解析网页源代码	网页的源代码包含非常多的信息，而用户若想要进一步获取想要的信息，则需要对源代码中的信息进行进一步的提取。可以选用 Python 中的 re 库通过正则表达式匹配的形式去提取信息，也可以采用 BeautifulSoup4、HTMLParser 等库解析源代码，提取一系列的 URL 和目标数据
保存数据	在网页源代码中提取到一系列的 URL 和目标数据后，这些 URL 会被网络爬虫加入待处理的 URL 列表，形成新的 URL 列表，而用户感兴趣的数据则会根据需求被保存到指定位置
构成自动化程序	经过前 3 步操作后，便可以将爬虫代码有效地组织起来，构成一个爬虫自动化程序，不断地从 URL 列表中提取新的 URL 和数据，在需要相同或相似数据的时候就可以高效复用

2.2　网页结构：HTML

网络爬虫是从网页上抓取数据信息的，而描述网页结构的标记语言是 HTML。HTML 的英文全称是 HyperText Markup Language，称为超文本标记语言。整个 HTML 文件可以分为两层，一层是外层，由 <html></html> 标签标识；另一层是内层，用于实现 HTML 文件的具体功能。根据实现功能的不同，又可以将内层细分为两个区域，即头部区域和主体区域，分别由 <head></head> 标签和 <body></body> 标签标识。HTML 代码如下所示。

```
<!DOCTYPE html>
<html>
    <head>
            <meta charset="UTF-8">
            <title> 网页标题 </title>
    </head>
    <body>
     <h1> 标题 </h1>
     <p> 段落 </p>
     <img class="CSS 类 " src=" 图像对应 URL">
    </body>
</html>
```

HTML 标签及其解释如表 2-2 所示。

表2-2　HTML标签及其解释

标签	解释
<title></title>	网页标题的标签
<h1></h1>	网页一级标题的标签
<p></p>	网页段落的标签
<img class="CSS 类 " src=" 图像对应 URL">	网页图像的标签，其中含有的属性 class 对应的是 CSS 类名，属性 src 对应的是图像的 URL，即下载图像所需的 URL

2.3　第三方库：BeautifulSoup4

BeautifulSoup4 是可以从 HTML 或 XML（Extensible Markup Language，可扩展标记语言）文件中提取数据的 Python 第三方库，简称 bs4。该库提供了丰富的网页元素的处理、遍历、搜索与修改方法，使用它可以方便地从页面中提取数据。另外它可以自动将输入文档转换为 Unicode 编码，输出文档转换为 UTF-8 编码，因此不需要考虑编码方式。

本项目主要使用 BeautifulSoup 类对已获取的 HTML 数据进行解析。调用 BeautifulSoup() 函数可以创建 BeautifulSoup 对象，该对象呈树形结构，几乎包含 HTML 页面中的所有标签，如 <head>、<body> 等。可以通过"对象名 . 标签名"的方式来获取对应的标签内容，如使用 BeautifulSoup.head 来获取 <head> 标签对应的内容。创建 BeautifulSoup 对象的示例代码如下。

```
from bs4 import BeautifulSoup

soup = BeautifulSoup('<head>Document</head>', 'html.parser')
```

其中，BeautifulSoup() 函数中第一个参数为所需解析的 HTML 源代码；第二个参数为指定 BeautifulSoup 的解析器，此处为 Python 标准库的 html.parser，其他可选解析器有 lxml HTML 解析器、lxml XML 解析器以及 html5lib 等。表 2-3 所示为各个解析器的使用方法及优势。

表2-3　BeautifulSoup解析器的使用方法及优势

解析器	使用方法	优势
Python 标准库	BeautifulSoup(markup, "html.parser")	Python 的内置标准库，执行速度适中且文档容错能力强
lxml HTML 解析器	BeautifulSoup(markup, "lxml")	执行速度快且文档容错能力强
lxml XML 解析器	BeautifulSoup(markup, ["lxml-xml"]) BeautifulSoup(markup,"xml")	执行速度快且是唯一支持 XML 的解析器
html5lib	BeautifulSoup(markup, "html5lib")	文档容错能力强，以浏览器的方式解析文档且能生成 HTML5 格式的文档

通常与 BeautifulSoup() 搭配使用较多的是 find_all() 函数，可以使用该函数对所得数据进行内容提取，示例代码如下。

```
对象名 .find_all(name,attributes,recursive,text,limit,keywords)
```

find_all() 函数的参数说明如表 2-4 所示。

表2-4　find_all()函数的参数说明

参数	说明
name	需要查找的标签名称，可以查找一种标签或多种标签
attributes	用字典封装，键对应需要查找的标签属性，值对应该属性的值
recursive	传入布尔类型的变量。当值为 True 时，抓取所有满足要求的子孙标签；当值为 False 时，只抓取满足要求的子标签
text	按照标签中的文本来抓取内容
limit	限制抓取符合条件的标签数目
keywords	指定被抓取的标签属性

find_all() 函数同时可搭配 get() 函数，用于获取所得标签中的相关属性，示例代码如下。

```
标签对象 .get(' 属性名 ')
```

获取到的返回结果为属性所对应的值，如获取 <img> 标签的 src 属性、class 属性和 id 属性等。

项目实施 | 爬取 "石头剪刀布" 静态页面数据

2.4　实施思路

基于项目描述与知识准备的内容，读者应该已经了解了使用网络数据采集中的网络爬虫法进行网络爬虫的流程和基本方法，接下来将介绍使用网络数据采集技术尝试实现对静态页面图像进行采集。本项目的数据来源于人工智能交互式在线实训及算法校验系统中 data 目录下的"石头剪刀布"图像数据页面,文件名为 index.html,内含"未处理石头剪刀布数据集",包括石头、剪刀、布 3 类手势图像,"石头剪刀布"图像数据界面如图 2-1 所示。

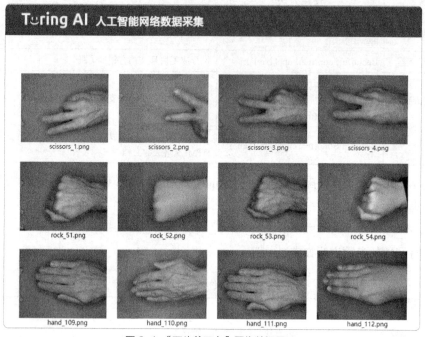

图 2-1 "石头剪刀布"图像数据界面

本项目的实施思路如下。

(1)导入项目所需库。

(2)获取网页内容。

(3)分析网页内容。

(4)提取网页数据。

(5)保存网页数据集。

2.5 实施步骤

步骤 1:导入项目所需库

首先将项目所需库全部导入,代码如下。若导入失败,则可通过"pip"命令进行安装。

```
# 导入项目所需库

import os

import cv2

from bs4 import BeautifulSoup
```

步骤 2：获取网页内容

本项目案例爬取的是静态页面数据，因此直接使用 open() 函数即可获取网页内容。

```
# 获取网页内容
res = open('data/index.html', encoding='utf-8')
```

使用 BeautifulSoup() 函数对所获取的数据进行解析。

```
# 解析网页内容
soup = BeautifulSoup(res,'html.parser')
soup
```

步骤 3：分析网页内容

将 data 目录下的 index 文件夹下载至本地，在浏览器中打开需要爬取的页面，在键盘上按
"F12"键，单击弹出的窗口左上方的方框按钮，并选择页面中的一个图像即可查看对应的 URL
及图像的属性，前端 HTML 代码如图 2-2 所示。

图 2-2　前端 HTML 代码

将鼠标指针移至图像链接上方，通过观察可以发现，图片地址的路径为 data 文件夹路径再加
上图像存放的具体路径，两者组合起来即图像实际存放的路径，如第一张图像"scissors_1.png"，
其实际完整的存放路径为 data/scissors/scissors_1.png。由于静态页面没有后台传输数据，再根据
文件结构可以发现，网页上的图像数据是通过相对路径直接加载对应文件中的图像进行显示的，
因此在后续保存图像的过程中可直接使用 OpenCV 进行保存。

步骤 4：提取网页数据

根据步骤 3 中得到的结论，现对获取到的网页数据进行提取，首先使用 find_all() 函数将所
有 <img> 标签提取出来。

```
# 提取 <img> 标签
# find_all( 标签名，attrs={ 属性名：属性值 })
src_list = soup.find_all('img',attrs={'class':'img'})
src_list
```

输出结果如下。可以看到，已将页面数据中的所有 <img> 标签提取出来。

```
[<img class="img" src="scissors/scissors_1.png"/>,
<img class="img" src="scissors/scissors_2.png"/>,
<img class="img" src="scissors/scissors_3.png"/>,
...
<img class="img" src="hand/hand_248.png"/>,
<img class="img" src="hand/hand_249.png"/>,
<img class="img" src="hand/hand_250.png"/>]
```

接下来使用 get() 函数将 <img> 标签中的 src 属性提取出来。

```
# 定义存放 src 属性的列表
srcs = []
# 遍历 <img> 标签并提取 src 属性到列表中
for src in src_list:
    s = src.get('src')
    srcs.append(s)
srcs
```

输出结果如下。

```
['scissors/scissors_1.png',
'scissors/scissors_2.png',
'scissors/scissors_3.png',
...
'hand/hand_248.png',
'hand/hand_249.png',
'hand/hand_250.png']
```

可以看到，程序已将图像的相对路径提取到列表中，只需将图像存放路径补充完整即可获取图像并实现保存图像。

步骤 5：保存网页数据集

根据网页内容可以发现，图像是根据图像的分类来命名的，分别有 rock、scissors、hand 这 3类，因此先创建 3 个文件夹用于存放图像。

```
# 创建对应的文件夹
if not os.path.exists('./rock'):
    os.mkdir('./rock')

if not os.path.exists('./scissors'):
    os.mkdir('./scissors')
```

```
if not os.path.exists('./hand'):
    os.mkdir('./hand')
```

根据步骤 3 中所得结论，此处使用 OpenCV 对图像数据进行保存。首先需要将图像的完整路径补充完整，接着使用 cv2.imread() 函数将图像读取出来，并将其转化为 NumPy 数组的形式，最后使用 cv2.imwrite() 函数对图像数据进行保存。

```
# 遍历每一张图像
for img_src in srcs:
    # 保存 rock 类图像
    if 'rock' in img_src:
        # 保存图像路径
        filename = './' + img_src
        # 读取完整图像路径
        img = cv2.imread('data/' + img_src)
        # 保存图像
        cv2.imwrite(filename, img)
    # 保存 scissors 类图像
    elif 'scissors' in img_src:
        # 保存图像路径
        filename = './' + img_src
        # 读取完整图像路径
        img = cv2.imread('data/' + img_src)
        # 保存图像
        cv2.imwrite(filename, img)
    # 保存 hand 类图像
    elif 'hand' in img_src:
        # 保存图像路径
        filename = './' + img_src
        # 读取完整图像路径
        img = cv2.imread('data/' + img_src)
        # 保存图像
        cv2.imwrite(filename, img)
```

运行完成后，可在创建的文件中查看所保存的图像，每个文件夹下各对应有 250 张图像，共 750 张图像。

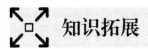

知识拓展

Python 中内置了许多库，其中一些库可用于网络数据采集，接下来简单介绍 urllib 库和 requests 库。

2.6 urllib

urllib 是 Python 内置的 HTTP 请求库，借助 urllib 可以向服务器发送请求，只需向 urllib 库中的方法传入 URL 和一些参数便可以对 URL 进行访问、读取、分析等操作。urllib 库中包含的模块及其说明如表 2-5 所示。

表2-5   urllib库中包含的模块及其说明

模块	说明
urllib.request	urllib.request 是基本的 HTTP 请求模块，用于模拟向服务器发送请求的过程，会访问 URL 所指向的网页内容
urllib.error	urllib.error 是异常处理模块，当利用 urllib.request 模拟向服务器发送请求时，如果出现请求错误，可以利用此模块捕获异常信息，然后进行重试或其他操作，以保证程序不会意外终止
urllib.parse	urllib.parse 模块包含针对 URL 的许多处理方法，如 URL 拆分、URL 解析、URL 合并等方面的方法
urllib.robotparser	urllib.robotparser 是 robots.txt 解析模块，主要用于读取、解析、处理网站的 robots.txt 文件。robots.txt 文件是网站管理者表达是否希望爬虫自动抓取和禁止抓取的 URL 内容。合法的爬虫程序应该遵守 robots.txt 文件中的规定，标准网站都包含 robots.txt 文件

2.7 requests

urllib 库提供了大部分 HTTP 功能，但使用起来比较烦琐。实际操作中通常会使用另一个第三方库 requests，该库是基于 urllib 封装的，所以基本继承了 urllib 的所有特性。同时 requests 支持 HTTP 连接保持和连接池、支持使用 cookie（储存在用户本地终端上的缓存数据）保持会话、支持文件上传、支持自动确定响应内容的编码、支持国际化的 URL 和 POST 数据自动编码。因此 requests 的功能比 urllib 的更加强大。

requests 库的方法主要有 6 种，具体说明如表 2-6 所示。

表2-6   requests库的方法

方法	解释
requests.get()	请求指定的页面信息并返回页面内容，以 Response 对象的方式存储
requests.head()	获取页面的头信息
requests.post()	向服务器提交数据，并处理请求
requests.put()	用从客户端向服务器传送的数据取代指定的文档内容
requests.options()	允许客户端查看服务器的性能
requests.delete()	请求删除指定的资源

课后实训

（1）使用 BeautifulSoup 解析 HTML 数据后创建的对象呈哪种结构？（　　　）【单选题】

    A. 一维结构　　　　　B. 树形结构　　　　　C. 栈结构　　　　　D. 队列结构

（2）获取网页源代码后，使用 BeautifulSoup.head() 函数可获取以下哪个标签的内容？（　　　）【单选题】

    A. \<html\>　　　　　B. \<body\>　　　　　C. \<head\>　　　　　D. \<script\>

（3）使用 find_all() 函数获取标签返回的对象的类型是（　　　）。【单选题】

    A. 列表　　　　　B. 元组　　　　　C. 字典　　　　　D. JSON 对象

（4）下列关于 BeautifulSoup4 的说法错误的是（　　　）。【单选题】

    A. BeautifulSoup4 是 Python 的第三方库

    B. BeautifulSoup4 中的 BeautifulSoup 类用于对 HTML 数据进行解析

    C. BeautifulSoup 类创建的对象呈树形结构

    D. BeautifulSoup4 可以用于获取 HTML 数据

（5）网络爬虫流程包含以下哪几项？（　　　）【多选题】

    A. 构成自动化程序　　　　　　　　B. 解析网页源代码

    C. 获取网页源代码　　　　　　　　D. 保存数据

项目 3
了解端侧数据采集

03

在进行人工智能数据分析之前，我们首先必须通过各种途径采集需要分析的数据，再从这些数据中得到最终的结果并形成规律，决定分析结果的重要因素是获取的数据的质量。项目 1 和项目 2 已经讲解了如何从网络，也就是从大数据的角度获取所需的数据，而大多数据是由端侧设备产生的。接下来介绍如何从端侧设备中获取所需的数据。

项目
目标

（1）了解端侧数据采集的原理。
（2）了解不同端侧数据采集设备。
（3）掌握使用端侧设备采集本地图像、语音等数据的方法。
（4）能够根据业务需求进行端侧数据采集。

 项目描述

本项目将主要介绍端侧数据采集的相关概念与采集设备的分类，以及端侧数据采集的方式，并会利用相关设备与 EasyData 在线平台共同完成项目实施。在项目实施中，我们主要是利用端侧设备 Jetson Nano 开发板以及摄像头进行数据采集，本次实验会通过视频抽帧的方式保存部分所需的视频帧到本地文档。

 知识准备

3.1 端侧数据采集概述

数据采集（Data Acquisition）是指按照用户需求或系统要求，在数据源中选择和收集某种特定数据的过程。而端侧数据采集是指从端侧设备中，测量相应的物理量（如电流、电压、声音、温度或压力等）形成模拟量，并通过 ADC（Analog-to-Digital Converter，模数转换器）将模拟量转化为数字量，最后形成特定格式的数据。

现在数据测量、模数转换都发展得非常成熟，因此，本项目的重心将放在如何获取端侧形成的固定格式的数据上。

下面将简单介绍与端侧数据采集相关的概念。

3.1.1　数据采集系统

数据采集系统是基于计算机的测量并结合软硬件产品，将生产过程中的数据加以采集、处理、记录并显示的系统。其通常包括关系定义、可视化定义、数据填报、数据预处理、综合查询统计等功能模块。

目前随着信息采集的网络化和数字化，数据采集的覆盖范围不断扩大，采集工作的全面性、及时性和准确性也在不断提高，最终可实现相关业务的管理现代化、程序规范化、决策科学化、服务网络化。

3.1.2　数字输入 / 输出模块

数字输入 / 输出通常可用于过程控制（如开关灯）、产生测试信号以及进行外设通信等。其重要参数包括数字口路数、驱动能力参数及接收率或发送率等。

数字输入 / 输出的典型"应用场景"是计算机及其外设，如打印机、数据记录仪等之间传送数据。对于数字口路数、数据转换速率等重要参数，我们应根据具体的应用场景选择合适的值。

3.1.3　模拟输入 / 输出模块

模拟输入是数据采集的基本功能，一般由多路开关、放大器、采样保持电路以及 ADC 来实现，通过这些设备，模拟信号就可以被转化为数字信号。

模拟输出的输出信号受 DAC（Digital-to-Analog Converter，数模转换器），即，将数字量转换成模拟量的器件的建立时间、转换率、分辨率等因素影响。其中，建立时间和转换率决定了输出信号幅值改变的快慢。建立时间短、转换率高的 DAC 可以提供较高频率的信号。

3.1.4　数据采集卡

数据采集卡，即可以实现数据采集功能的计算机扩展卡。数据采集卡的典型功能包括模拟输入 / 输出、数字输入 / 输出、计数器 / 计时器等，这些功能分别由相应的电路来实现。

除此之外，端侧数据采集还应具有数据采集中心、数据采集控制器等设备。

3.2　数据采集端侧设备

端侧数据采集过程中，需要有端侧设备的支持。下面将介绍图像及音频数据采集端侧设备的简单分类。

3.2.1 图像采集设备：CCD 传感器与 CMOS 传感器

CCD（Charge-Coupled Device，电荷耦合器件）和 CMOS（Complementary Metal-Oxide-Semiconductor，互补金属氧化物半导体）传感器是被普遍采用的两种图像传感器，两者都是利用光电二极管（Photodiode）进行光电转换，将图像转换为数字数据的，而它们的主要差异是数字数据传送的方式不同。CMOS 传感器如图 3-1 所示。

CCD 传感器的优点是灵敏度高、像素小、读取噪声低，因此其在固体成像领域具有重要地位。但其缺点

图 3-1　CMOS 传感器

是不能将图像传感阵列和控制电路集成在同一芯片内，因此需要外加脉冲驱动电路、信号放大电路及模数转换电路等辅助电路，导致系统结构复杂、成本较高。

而 CMOS 传感器则具有较小的几何尺寸，分辨率也逐渐接近 CCD 的水平，更重要的是 CMOS 传感器的制造技术与 CMOS 工艺兼容。CMOS 传感器可以非常方便地将模数转换电路等辅助电路集成到芯片内部，其外围电路简单、功耗低，编程也很方便，很容易实现对帧频、图像尺寸及曝光时间等的控制，为视频图像采集提供了一种低成本且高品质的解决方式。

由于数据传送方式不同，因此 CCD 与 CMOS 传感器在效能与应用上有诸多差异，如表 3-1 所示。

表3-1　CCD与CMOS传感器的差异

差异	CCD传感器	CMOS传感器
灵敏度	高	低
分辨率	高	低
噪声	低	高
功耗	高	低

1. 灵敏度

由于 CMOS 传感器的每个像素分别由 4 个晶体管与 1 个光电二极管组成，使得每个像素的感光区域远小于像素本身的表面积，因此在像素尺寸相同的情况下，CMOS 传感器的灵敏度要低于 CCD 传感器的。

2. 分辨率

CMOS 传感器的每个像素都比 CCD 传感器的像素复杂，因此，其分辨率难以达到 CCD 传感器的效果。所以，对于相同尺寸的 CCD 传感器与 CMOS 传感器，CMOS 传感器的分辨率通常会低于 CCD 传感器的水平。

3. 噪声

因为 CMOS 传感器的各个光电二极管均需搭配放大器，而放大器属于模拟设备，所以采集结果很难保持一致。相比于只有一个放大器的 CCD 传感器，CMOS 传感器的噪声就会提高很多，从而影响图像品质。

4．功耗

CCD 传感器的图像采集方式为被动式采集，需外加电压让每个像素中的电荷移动；而 CMOS 传感器为主动式采集，其光电二极管所产生的电荷会直接由晶体管放大输出。因此，CCD 传感器的功耗相较于主动式采集的 CMOS 传感器的功耗会更高。

3.2.2　音频采集设备：麦克风

麦克风的工作原理，简单理解就是将声能转化为电能。声音导致空气振动，麦克风的振膜在接收到空气振动后亦产生振动，这样的机械振动会将声音信号转换成电信号，继而传递到后部声音处理电路进行放大处理。

根据麦克风工作原理的不同可将其分为电容麦克风、动圈麦克风和铝带麦克风共 3 种。电容麦克风是利用电容大小的变化，将声音信号转换为电信号的麦克风，需要额外的电源来供电，灵敏度较高。动圈麦克风的工作原理则是内部振膜带动线圈振动，切割磁感线从而产生电信号，其结构简单，多用于采集音量较大的声源。铝带麦克风的工作原理则是用一根很小的铝带作为振膜来产生信号。

3.3　端侧数据采集方式

介绍完端侧数据采集设备的分类，接着介绍图像以及语音采集方式。

3.3.1　图像采集

图像采集是利用现代化技术进行图像信息获取的手段，将图像转换成数字信号，经过处理，最终从图像中获取信息。图像采集的速度、质量会直接影响数据采集的整体效果。

1．传统图像采集

传统的图像采集方式是采用图像采集卡，将 CCD 摄像机的模拟视频信号经模数处理后存储信号，然后将其传到计算机上处理的过程。

但 CCD 摄像机一般输出已转换的 NTSC（National Television System Committee，美国国家电视系统委员会）制式或 PAL（Phase Alterating Line，帕尔）制式，并以混合视频信号方式输出，因此，采集卡的采样点在输出时序上很难与原摄像机的像素点一一对应，会使数字化后的图像分辨率受到较大限制，视频图像质量损失也较大。除此之外，实现传统图像采集方法的硬件电路复杂、成本较高，不利于推广。

2．高速图像采集

在高速图像采集和处理的过程中，往往需要使用随机存储器。常用的随机存储器主要有 DRAM（Dynamic Random Access Memory，动态随机存储器）和 SRAM（Static Random Access Memory，静态随机存储器）两种。目前业界主流的 SRAM 的存储单元一般都采用六晶体管结构，而 DRAM 的存储单元则一般是采用单晶体管加上一个无源的电容器。

两者各有优缺点。SRAM 的访问时间短，总线利用率高，静态功耗相对较低。但是其占用硅片的面积较大，容量也因此缩小。SRAM 的价格较贵，适用于存储容量不大，但对性能要求较高的场景。而 DRAM 的读写访问时间较长，总线利用率比 SRAM 的低，另外在使用过程中需要周期性地刷新，因此静态功耗较高。其优点是存储容量大，且价格便宜。

3.3.2 语音采集

语音采集是指利用语音采集设备，将声音通过传感器转换为模拟量，再由 ADC 将其转化为数字量进行存储。常用的数字音频处理集成电路包括 ADC、DAC、DSP（Digital Signal Processor，即数字信号处理器）、数字滤波器和数字音频输入 / 输出接口及设备（麦克风）等。

麦克风输入的模拟音频信号经模数转换、音频编码器实现模拟音频信号到数字音频信号的转换；编码后的数字音频信号通过控制器传入 DSP 或微处理器进行相应的处理。音频输出时，数字音频信号（音频数据）经控制器传给音频解码器，经数模转换后由扬声器输出。具体的术语及解释如表 3-2 所示。

表3-2 语音采集相关术语

术语	解释
采样率	采样率指每秒取得声音样本的次数。采样率越高，数据越精确。常用的采样率是 8kHz，人说话的语音频率以及电话中的话音频率，基本在这个采样率之内。48kHz 采样率是 CD（Compact Disc，小型光碟）以及 DVD（Digital Versatile Disc，数字通用光碟）所采用的，超过这个频率人耳将无法分辨
采样位数	采样位数是每个采样数据占的位数，采样精度的高低取决于采样位数的大小。常用的采样位数是 8 位（bit），也就是一个字节。另外 16 位或者 32 位也常作为采样位数
声道数	声道数也叫通道数，即声音的通道数目。常见的有单声道和立体声（双声道），随着科技的进步，目前已经发展到了四声环绕（四声道）和 5.1 声道。声道和硬件设备有关，单声道的声音只能使用一个扬声器发声，当通过两个扬声器回放单声道信息的时候，可以明显感觉到声音是从两个音箱中间传递到耳朵里的，无法判断声源的具体位置
采样和量化	采样是每隔一定时间读一次声音信号的幅度，而量化则是将采样得到的声音信号幅度转换为数字值。从本质上讲，采样是时间上的数字化，而量化则是幅度上的数字化

3.4 EasyData 智能数据服务平台

EasyData 是百度大脑推出的智能数据服务平台，面向各行各业具有 AI（Artificial Intelligence，人工智能）开发业务需求的企业用户及开发者提供一站式数据服务工具。该平台主要围绕 AI 开发过程中的数据采集、数据清洗、数据标注等业务需求提供数据服务。目前 EasyData 已经支持图像、文本、音频、视频 4 类基础数据的处理。同时，EasyData 已与 EasyDL 数据管理模块打通，可以将 EasyData 处理的数据应用于 EasyDL 的模型训练。

目前 EasyData 提供两种数据采集方案，第一种是从摄像头采集图像数据，第二种是通过云服务数据回流采集数据。

28

人工智能应用实战

项目实施 | 视频抽帧数据采集

3.5　实施思路

基于项目描述与知识准备的内容，读者应该已经了解了应如何进行端侧数据采集。现在介绍利用 Jetson Nano 开发板以及摄像头等端侧设备进行数据采集，以加深读者对图像采集以及采样率等知识的认识。本项目的实施思路如下。

（1）软件安装。

（2）设置摄像头。

（3）抽帧设置。

（4）管理数据。

3.6　实施步骤

在进行数据采集前，需要先安装本地软件并运行该软件，然后通过访问密钥〔Access Key ID/Secret Access Key（AK/SK）〕进行登录。其中，AK 用于标识用户，SK 是用户用于加密认证字符串和云厂商用于验证认证字符串的密钥。

步骤 1：软件安装

（1）将用于数据采集的摄像头连接至设备，读者可直接使用数据连接线将摄像头与设备相连，并打开设备自带的相机功能检测设备连接情况。

（2）在 EasyData 数据服务平台下载本地软件，解压对应平台的 TAR 包或 ZIP 包，并将之放于任意目录，文件目录如图 3-2 所示。

（3）解压压缩包并进入目录 EasyDataCaptureTool，运行目录中的可执行文件 EasyData_Capture_Tool.exe。

（4）在浏览器中输入机器的 IP（Internet Protocol，互联网协议）地址和端口号，以及首页地址 index.html，默认端口号为 5000。打开软件，即可运行成功。如果能跳转至登录界面说明软件运行成功，如图 3-3 所示。

图 3-2　文件目录

图 3-3　登录界面

（5）成功运行软件后，需要使用账号对应的 AK 和 SK 登录软件。此时需要登录 EasyData 官网，单击用户头像即可查看对应的 AK、SK。之后将查询到 AK、SK 填入对应的输入框中，单击"登录"按钮即可登录软件。

步骤 2：设置摄像头

登录摄像头管理本地软件后，即可在本地添加、管理用于数据采集的摄像头，这里将采用视频抽帧接入的方式，适用于采集的数据为视频流、需要进一步抽帧为图片的场景。本项目实际操作时，将使用端侧设备通过 EasyData 对生活垃圾图像数据进行采集。

（1）单击页面上的"添加设备"按钮，再选择"视频抽帧接入"，如图 3-4 所示。

（2）单击图 3-4 中的"开始"按钮，在打开的页面中填写设备名称、设备路径以及相关备注信息，完成后单击"下一步"按钮，如图 3-5 所示。

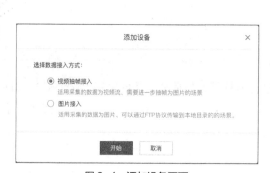

图 3-4　添加设备页面

图 3-5　视频抽帧接入页面

（3）摄像头连接正常时，即可看到当前拍摄的图像。

步骤 3：抽帧设置

抽帧简单来说就是按照特定的条件从视频流中捕获图像，一般是直接设置固定的间隔从视频中捕获图像，形成数据。单击"抽帧设置"，完成自动抽帧策略的设定，如图 3-6 所示。

图 3-6　抽帧设置页面

步骤 4：管理数据

在 EasyData 摄像头管理页面下载本地软件，成功完成安装并添加设备后，即可在 EasyData

在线平台看到本地的设备及对应的采集数据。接着可以按照以下步骤对采集到的数据进行管理。

（1）通过 EasyData 在线平台查看所采集的数据，图 3-7 所示为数据结果页面。

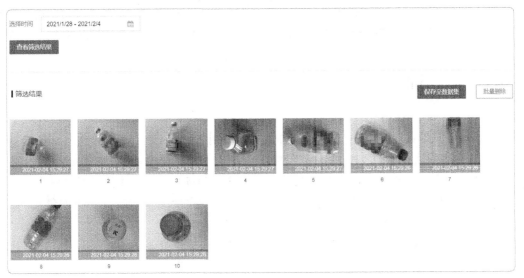

图 3-7　数据结果页面

（2）单击"保存至数据集"按钮，进行相应设置并完成数据采集，如图 3-8 所示。

图 3-8　保存至数据集页面

⤡ 知识拓展

在前面的任务中，我们已经利用 EasyData 平台中的端侧数据采集方法对数据进行了采集。而端侧智能也是非常火热的话题，接下来我们一起来学习端侧智能的知识。

信息社会需要个体的智慧，也需要群体的智慧。每个人手上的智能手机具备基本的"智慧"，即个体的智慧，无数的终端以及知识在云端汇集可理解为群体智慧。

和智能音箱聊天，相册根据拍摄物体自动分类照片，以及自动驾驶汽车……人工智能带来了效率和欢乐。曾经很多人工智能的推理工作，诸如模式匹配、建模检测、分类、识别等逐渐从云端转移到了终端，赋予终端设备更多"智慧"。

除此之外，人工智能在终端侧的应用具有高可靠性、高隐私性等诸多优势。例如，在自动驾驶汽车对延时敏感的用例中，人工智能在终端侧的实时应用能带来更高的可靠性。另外，终端侧的人工智能也更私密，因为本地数据无须或只需上传部分至云端，能为用户带来更好的隐私保护。未来，终端将成为人工智能的重要"入口"，包括智能手机、笔记本电脑、物联网终端和汽车系统等。

课后实训

（1）视频抽帧是直接对（　　　）进行操作。【单选题】

　　A. 端侧模拟量　　　　B. 端侧数字量　　　　C. 边缘侧模拟量　　　D. 边缘侧数字量

（2）端侧数据采集是指从端侧对相应的（　　　）进行测量并编码的过程。【单选题】

　　A. 物理量　　　　　　B. 模拟量　　　　　　C. 数字量　　　　　　D. 真实量

（3）端侧是指哪些设备？（　　　）【单选题】

　　A. 移动设备和物联网设备　　　　　　　　B. 云计算设备

　　C. 组网设备　　　　　　　　　　　　　　D. 服务器

（4）端侧设备的计算能力和功耗呈现什么特点？（　　　）【单选题】

　　A. 计算能力高、功耗低　　　　　　　　　B. 计算能力高、功耗高

　　C. 计算能力低、功耗低　　　　　　　　　D. 计算能力低、功耗高

（5）以下哪一个特点不是 CCD 传感器的特点？（　　　）【单选题】

　　A. 功耗低　　　　　　　　　　　　　　　B. 灵敏度高，噪声小

　　C. 集成性高　　　　　　　　　　　　　　D. 动态范围大

项目 4

数据存储与加载

04

在进行人工智能数据分析之前，首先必须通过各种途径获取所需数据，可将这些数据以一定的规律保存为文件。接着，需要对这些文件进行加载，随后才能进行处理、分析等一系列数据处理操作。

项目目标

（1）了解不同类型数据的编码。

（2）了解不同类型数据的存储格式。

（3）掌握使用Python加载及存储不同类型的数据的方法。

（4）掌握使用Python加载已存储的项目数据集文件的方法。

项目描述

常见的数据分为图像、文本、语音 3 大类，不同类型的数据有其对应的多种类型的存储格式。以图像为例，常见的图像存储格式有 JPG、PNG、BMP 等，而图像数据通常以矩阵的形式呈现，且不同数据存储格式形成的图像矩阵又互有差异。如可将图像以 RGB 色彩模式作为图像维度进行保存，RGB 即代表红（Red）、绿（Green）、蓝（Blue）3 个通道的颜色，也可以以 HSV（H 表示 Hue，即色调；S 表示 Saturation，即饱和度；V 表示 Value，即明度）的格式存储。

数据存储的格式虽然五花八门，但是其存储和加载的方式却是"一脉相通"的。因此，在本项目中，将介绍多种图像、文本、语音等数据的存储格式，并以使读者掌握如何存储、加载不同的数据为最终目的进行讲解。数据存储及加载流程如图 4-1 所示。

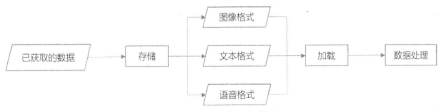

图 4-1　数据存储及加载流程

4.1 数据编码

数据编码是计算机处理数据的关键。计算机要处理的数据信息十分庞杂，有些数据库所代表的含义又难以记忆。为了便于使用、容易记忆，人们和计算机常常要对加工处理的对象进行编码，可用一个编码符号代表一条信息或一串数据。对数据进行编码在计算机的管理中非常重要，这可以方便进行信息分类、校核、合计、检索等操作。人们可以利用编码来识别每一条记录、区别处理方法、进行分类和校核，从而节省计算机的存储空间、提高处理速度。

4.1.1 图像编码

图像编码分为有损压缩编码和无损压缩编码，图像数据之所以可以被压缩，是因为数据中存在着冗余数据。在图像压缩中，有 3 种基本的数据冗余，包括编码冗余、像素间冗余、视觉冗余。而图像编码的作用在于去除冗余数据，以减少表示数字图像时需要的数据量，也称为图像压缩。

无损压缩是指优化文件的数据存储方式，采用算法对文件中重复数据信息进行表示。因此，无损压缩的文件可以完全还原，且不会影响任何文件内容。特别是，对于数字图像来说，并不会损失任何图像细节。

有损压缩是指在保存图像时，保留较多的亮度信息，而将色相及纯度的信息和周围像素进行合并，简而言之，这种压缩方式是对图像本身的改变。合并的比例与压缩的比例成反比，由于信息量减少了，所以压缩比可以很高，但图像质量也会相应下降。常用的图像编码算法及其说明如表 4-1 所示。

表4-1　常用的图像编码算法及其说明

图像编码算法	说明
哈夫曼编码	哈夫曼编码是根据源数据符号发生的概率进行编码的。在源数据中出现概率越大的符号，被分配的编码越短；出现概率越小的符号，其编码越长，从而达到用尽可能少的编码表示源数据的目的
算术编码	算术编码是一种无损数据压缩方法，其直接将一整串输入符号编码为一个单独的浮点数，该浮点数满足 $0.0 \leqslant n < 1.0$
预测编码	预测编码不是直接对信号编码，而是对图像预测误差编码。实质上是对新的信息进行编码，以消除相邻像素之间的相关性和冗余性
变换编码	变换编码通过正交变换，把图像从空间域转换映射为能量比较集中的变换域，然后对变换域系数进行编码，从而达到压缩数据的目的

4.1.2 文本编码

计算机处理文本的过程，是先把文本转换为计算机能够识别的二进制数，再对其进行处理。这个过程也被称为编码，常见的字符编码格式有 ASCII、GB2312、GBK、Unicode、UTF-8 等，具体解释如表 4-2 所示。

表4-2　字符编码格式

字符编码格式	说明
ASCII	ASCII（American Standard Code for Information Interchange，美国信息交换用标准代码），一种使用 7 位或 8 位（标准 ASCII 为 7 位，扩充 ASCII 为 8 位）二进制数进行编码的方案，最多可以给 256 个字符（包括英文大小写字母、数字、标点符号、控制字符及其他符号）编码
GB2312	日常生活中常用的文字有上千个，要计算机用一个字节处理中文字符显然是不够的，至少需要两个字节，而且不能和 ASCII 编码冲突，因此，我国制定了 GB2312 编码，以方便对汉字进行编码。《信息交换用汉字编码字符集 基本集》，是由中国国家标准总局于 1980 年发布，1981 年 5 月 1 日开始实施的一套国家标准，标准号是 GB 2312—1980，自 2017 年起，该标准转化为推荐性标准，不再强制执行，标准号为 GB/T 2312—1980。 GB2312 标准共收录 6763 个汉字，其中一级汉字 3755 个，二级汉字 3008 个；同时，GB2312 标准收录了包括拉丁字母、希腊字母、日文平假名及片假名、俄文字母在内的 682 个字符
GBK	GBK（Chinese Character GB Extended Code，汉字国际扩展码），中文简称为国标码。《汉字内码扩展规范》对原 GB2312 进行了扩充，该标准一经推出，就为 Windows 95 所采用。GB2312 编码只支持简体中文，GBK 编码则支持繁体和简体中文
Unicode	Unicode（万国码，统一码），Unicode 把所有语言都统一到一套编码里，这样在多语言混合的文本中，就不会再有乱码问题。 Unicode 即 Universal Multiple-Octet Coded Character Set，简称为 UCS。Unicode 又分为两种，包含 UCS-2（2 字节的 Unicode 编码）和 UCS-4（4 字节的 Unicode 编码）
UTF-8	Unicode 只是一组字符设定，或者说是从数字和字符之间的逻辑映射的概念编码，但是它并没有指定代码点如何在计算机上存储。 而 UTF-8，可变长的万国码，数字"8"指定了最少使用 1 个字节（8bit）、最多使用 4 个字节的数进行编码，常用的英文字母被编码成 1 个字节，汉字通常被编码成 3 个字节。Python 3 默认使用该编码格式

在计算机内存中，统一使用 Unicode 编码。由于 UTF-8 与字节序无关，同时兼容 ASCII 编码，使得 UTF-8 编码成为现今互联网信息编码标准而广泛使用。因此，当需要将相应数据保存到硬盘或者要进行传输时，可以将其转换为 UTF-8。文本字符编码流程如图 4-2 所示。

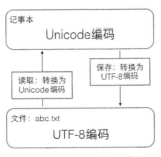

图 4-2　文本字符编码流程

4.2　数据存储格式

介绍完图像及文本的数据编码后，接下来将简要介绍图像及文本的存储格式。

4.2.1　图像数据存储格式

图像数据的存储格式可谓是五花八门，不同的存储格式有其相应的特点，其中在深度学习中常用的就是 BMP、JPG 和 PNG 这 3 种，表 4-3 具体介绍了这 3 种图像数据存储格式。

表4-3　图像数据存储格式

图像数据存储格式	说明
BMP	BMP（Bitmap，位图）格式是微软公司制定的图像标准格式，其优点是在 PC（Personal Computer，个人计算机）上兼容度一流，几乎能被所有的图像软件"接受"，可称为通用格式。其结构简单，图像未经过压缩。储存为 BMP 格式的图像不会失真，但文件比较大，而且不支持 Alpha（透明背景）通道
JPG	JPEG（Joint Photographic Experts Group，联合图像专家组）是由 CCITT（Commite Consultatif International de Telegraphique et Telephonique，国际电报电话咨询委员会）和 ISO（International Organization for Standardization，国际标准化组织）联合组成的一个图像专家组。JPG 格式是用于连续色调静态图像压缩的一种标准，文件扩展名为 .jpg 或 .jpeg，是目前网络上常用的图像文件格式。JPG 格式可以把文件容量压缩到很小。JPG 支持不同程度的压缩比，可以视情况调整压缩倍率，压缩比越大，品质就越差；相反，压缩比越小，品质就越好。不过要注意的一点是，这种压缩属于失真型压缩，文件的压缩会使得图像品质下降
PNG	PNG（Portable Network Graphics，可移植网络图像）是一种新兴的网络图像格式，结合了 GIF 和 JPEG 的优点，具有存储形式丰富的特点。PNG 最大色深为 48bit，采用无损压缩方案存储数据，是一种位图文件格式

4.2.2　文本数据存储格式

常用的文本数据存储格式有 TXT、Excel、CSV、XML、JSON 和数据库，其中数据库包括 MySQL、NoSQL 等。使用 CSV 存储格式来存储文本数据是比较常见的做法，同时由于在接下来的学习过程中会经常遇到带标签的数据信息，此时使用 CSV 存储文本数据就会非常方便，而且可以做到批量处理。因此，接下来将重点介绍文本数据存储格式 CSV。

CSV 的英文全称是 Comma-Separated Values，中文意思为逗号分隔值。CSV 是字符序列，由任意数量的记录组成，记录间以某种换行符分割。文件中的每条记录由字段组成，以字符或者字符串作为字段间的分隔符。所有的记录都有完全相同的字段序列，相当于结构化表的纯文本形式。

CSV 是一种简单且通用的文件格式，在各大领域都有相应的应用。较广泛的应用是在程序之间转移表格数据，虽然这些程序是在不兼容的格式基础上进行操作的，但是因为大部分程序都支持某种 CSV 变体，将 CSV 作为一种可选择的输入 / 输出格式，所以使用 CSV 文件可以便捷地进行数据传输。

用户如果需要在两个完全不兼容的程序间交换信息，则可以将 CSV 格式作为中间格式，来完成信息交换。例如一个以私有格式存储数据的数据库程序，通过导出为 CSV 文件，可以将该数据导入到一个数据格式与私有格式完全不同的电子表格程序中。

CSV 文件的读写规则如下。

- 开头不留空，以行为单位。
- 列名可含可不含，若含列名，则列名居文件第一行。
- 一行数据不跨行，无空行。
- 以半角逗号","作分隔符，列为空也要表示其存在。
- 文件读写时引号、逗号操作规则互逆。
- 内码格式不限，可为 ASCII、Unicode 或者其他编码格式。

CSV 格式是分隔的数据格式，包括字段或列分隔的逗号字符，以及记录或行分隔的换行符。该格式并不需要特定的字符编码、字节顺序，或行终止格式。

4.3　数据加载及存储

本节将介绍如何使用 Python 中的相关库进行图像和文本数据的加载及存储。

4.3.1　图像数据加载及存储

接下来将采用 Python 中的 OpenCV 库进行图像的加载及存储。OpenCV 是计算机视觉中经典的专用库，OpenCV 的 Python 接口使得使用者在 Python 中能够调用 OpenCV 的 C/C++ 底层代码，可在保证易读性和运行效率的前提下实现使用者所需的功能。

无论以哪种格式存储的图像，我们都可以使用 OpenCV 通过以下代码进行图像数据的加载。

```python
# 导入 OpenCV 库
import cv2

# 加载图像为灰度图
img = cv2.imread('data/cat.jpg',0)
img
```

通过 cv2.imread() 函数可以加载本地图像，0 代表以灰度图的方式加载该图像，结果如下所示。

```
array([[108,109,111,...,97,102,105],
       [108,109,111,...,91,96,100],
       [108,109,112,...,83,89,93],
       ...,
       [ 56,57,57,...,72,71,71],
       [ 57,57,57,...,71,70,70],
       [ 57,57,58,...,69,69,68]], dtype=uint8)
```

所加载的结果是多维数组，图像是以多维数组的形式存储的。

接着可以使用 Matplotlib 库中的 plt.imshow() 函数将图像显示出来，代码如下，结果如图 4-3 所示。

```python
import matplotlib.pyplot as plt
plt.imshow(img,'gray')
plt.show()
```

图 4-3　图像显示结果

使用 cv2.imwrite() 函数可以存储处理后的图像，代码如下。

```
cv2.imwrite('name.jpg',img)
```

除去中间的数据处理过程，以上就是一次完整的图像加载与存储过程。

4.3.2 文本数据加载及存储

在 Python 中，有内置的 csv 库可用于对 CSV 文件进行加载，也可以使用 pandas 库对 CSV 文件进行操作，代码如下。

```
import csv # 导入 csv 库
import pandas as pd # 导入 pandas 库并将其命名为 pd
```

接着可以利用 csv 库打开 CSV 文件，如使用 csv.writer() 函数对 data.csv 文件执行写入操作，代码如下。

```
with open(\data.csv',w) as fp:
    writer = csv.writer(fp)# 先传入文件句柄
    writer.writerow(['id','name','age'])# 然后执行写入操作
    writer.writerow(['10001','Mike','20'])# 按行写入
    writer.writerow(['10002','Bob','22'])
    writer.writerow(['10003','Jordan','21'])
```

运行完代码后，可在 data 目录下看到一个文件名为 data.csv 的文件，打开可查看结果，如图 4-4 所示。

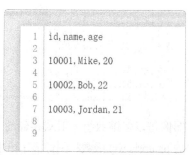

图 4-4　写入操作结果

接着可以使用 csv.reader() 函数加载 data.csv 文件，代码如下。

```
with open("data.csv",newline=")as csvf:
    rows = csv.reader(csvf)
    for row in rows:
        print(row)
```

输出结果如下。

```
['id', 'name', 'age']
[]
['10001', 'Mike', '20']
[]
['10002', 'Bob', '22']
```

```
[]
['10003', 'Jordan', '21']
[]
```

同样地，可以使用 pandas 库加载 CSV 文件，代码如下。

```
# 加载 data.csv 文件
data = pd.read_csv('data\data.csv')
print(data[:5])
```

输出结果如下。

	id	name	age
0	10001	Mike	20
1	10002	Bob	22
2	10003	Jordan	21

 项目实施 | 加载、操作并存储 Excel 表格文件

4.4 实施思路

基于项目描述与知识准备内容的学习，读者应该已经了解图像及文本数据的存储格式，以及它们对应的存储与加载方法。接下来将通过一个实际项目来帮助读者熟悉数据存储及加载操作。本项目将会对一份 Excel 表格文件进行加载、操作及存储。现有一份 Excel 文件，存放在人工智能交互式在线实训及算法校验系统的 data 目录下，文件名为 ANLP002_moods_classify8_unprocessed.xlsx，其内容为情感数据集。接下来将对其中的第 100 ~ 200 行的数据进行加载，并以带首行标签的格式将数据重新写入 data.csv 文件。以下是本项目实施的步骤。

（1）导入项目所需库。
（2）加载数据集文件。
（3）处理数据。
（4）存储数据。

4.5 实施步骤

步骤 1：导入项目所需库

在本项目中，将使用 pandas 库对 Excel 表格文件进行加载、操作及存储，代码如下。

```
# 导入 pandas 库
import pandas as pd
```

步骤 2：加载数据集文件

接着应加载数据文件，利用 pandas 库的 read_excel() 函数加载 Excel 文件，代码如下。

```
path=r'data\ANLP002_moods_classify8_unprocessed.xlsx'
# 将标签与数据分离
data = pd.read_excel(path,usecols=[1],header = None,skiprows = 0)
label = pd.read_excel(path,usecols=[2],header = None,skiprows = 0)

print(data[:5])
print(label[:5])
```

步骤 3：处理数据

对数据及标签进行切片，只取其中第 100 ～ 200 行的数据及其标签，代码如下。

```
# 取第 100 ～ 200 行的数据
d = data[100:200]
# 取第 100 ～ 200 行的数据标签
l = label[100:200]
```

步骤 4：存储数据

现在需要将数据和标签分开存储，通过调用 pandas.DataFrame.to_csv() 函数将数据存储为 data_save.csv 文件、将标签存储为 label_save.csv 文件。pandas.DataFrame.to_csv() 函数的参数说明如下。

- pathorbuf：文件路径，如果没有指定则将会直接返回字符串的 JSON。
- sep：用于设置输出文件的字段分隔符，默认为 ","。
- na_rep：用于替换空数据的字符串，默认为空。
- float_format：用于设置浮点数的格式。
- columns：表示要写的列。
- header：用于判断是否保存列名，默认值为 True，表示保存列名。
- index：用于判断是否保存索引，默认值为 True，表示保存索引。
- index_label：索引的列标签名。

了解完相关参数后即可通过以下代码对数据进行存储。

```
d.to_csv('data_save.csv')
l.to_csv('label_save.csv')
```

运行完代码后即可在当前目录下看到两个新生成的数据文件。至此，将处理完成的数据进行存储的步骤结束。

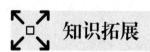

知识拓展

知识准备部分已经介绍了图像及文本数据的存储格式，接下来讲解语音数据的存储格式。目前，语音数据的存储格式有 WAV、VOC 和 AU 这 3 种。WAV 存储格式的文件由文件首部及波形

人工智能应用实战

音频数据块组成，文件首部包括标识符、语音特征值、声道特征值以及脉冲编码调制格式类型标志等。VOC 存储格式的文件由文件首部和数据块两大部分组成，文件首部包括标识符、版本号和指向数据块开始处的指针。AU 存储格式是 UNIX 系统的工作站上的语音存储格式，其格式相较于 WAV、VOC 格式更简单。

课后实训

（1）ASCII 编码是常见的（　　）。【单选题】

    A．字符编码　　　　　B．图像编码　　　　　C．语音编码　　　　　D．视频编码

（2）带标签且需要进行批量处理的文本数据常用（　　）存储格式进行存储。【单选题】

    A．TXT　　　　　　　B．Excel　　　　　　　C．CSV　　　　　　　D．JSON

（3）以下哪一项不是常见的图像类型数据的存储格式？（　　）【单选题】

    A．JPG　　　　　　　B．AMR　　　　　　　C．BMP　　　　　　　D．PNG

（4）ASCII 最多可以编码多少个字符？（　　）【单选题】

    A．256　　　　　　　B．255　　　　　　　C．512　　　　　　　D．128

（5）以下哪一项不是常见的文本编码方式？（　　）【单选题】

    A．ASCII　　　　　　B．Unicode　　　　　　C．CMYK　　　　　　D．UTF-8

第2篇
数据处理

通过对第1篇的学习，我们已经了解了数据采集的相关概念、网络数据及端侧数据的采集方法，还了解了数据存储与加载的具体方式，应该能够利用相关工具对网络数据以及端侧数据进行采集。本篇将介绍有关数据处理的概念及行业应用，以使读者了解数据处理的步骤，并掌握图像数据以及文本数据的处理方法，最终做到能够根据业务需求对数据进行处理及应用，强化目标导向，提高科技成果转化和产业化水平。

项目 5
了解数据处理

05

数据处理是指对包括数值数据和非数值数据在内的一切数据进行分析和加工的技术过程，也就是对数据进行采集、存储、探索、加工、变换和传输，并将数据转换为信息的过程。

项目目标	
	（1）了解数据处理的常用工具。
	（2）了解数据处理的步骤。
	（3）了解数据处理的行业应用。
	（4）能够使用智能数据服务平台进行数据处理。

 ## 项目描述

数据处理贯穿于社会生产和生活的各个方面，如教育、医疗、金融、社交等。数据处理技术的发展及其应用的广度和深度，极大地影响了人类社会发展的进程。

本项目将介绍数据处理的工具，分析如何对图像数据和文本数据进行数据清洗、数据分析以及数据可视化，并介绍数据处理的行业应用现状，最后会通过 EasyData 平台对文本数据进行处理，以使读者掌握基础的数据处理工具的使用方法。

 ## 知识准备

5.1 数据处理工具

全面实现业务管理和生产过程的数字化、自动化和智能化是企业持续保持市场竞争力的关键。在这一过程中，数据必将成为企业的核心资产，对数据的处理、分析和运用将极大地增强企业的核心竞争力。随着大数据技术及应用逐渐发展成熟，如何实现对大量数据的处理和分析已经成为企业关注的焦点。

由于所收集的数据难免会存在质量参差不齐的问题，而数据质量与模型训练效果直接"挂钩"，所以需要进行数据处理以提高数据质量，以及通过分析数据选取合适的训练模型和算法以改善训练效果。

对于数据处理，若能够借助一款好的数据分析工具，则能事半功倍，提高处理效率。以下主要介绍 2 种简单、易用的工具——EasyData 智能数据服务平台以及 Python。

首先是 EasyData，它是百度大脑推出的智能数据服务平台，面向各行各业有 AI 开发需求的企业用户及开发者提供一站式数据服务工具。在数据处理方面，EasyData 可以提供针对图像数据和文本数据的数据清洗策略。例如，在图像数据方面，EasyData 可以快速、高效地去除模糊、重复的图像，还可以对图像进行批量裁剪、旋转处理；在文本数据方面，EasyData 可以去除文本中的表情符号、网址，还可以将文本中的繁体字转换为简体字。

EasyData 提供可视化界面，操作便捷、效率较高，同时支持便捷的数据导入、导出、查看、分版本管理等完善的数据管理服务，可助力开发者高效获取人工智能开发所需的高质量数据。

其次是 Python，Python 简单易学，代码可读性强，并且拥有非常多的优秀的第三方库。其中，pandas、scikit-learn 及 Matplotlib 等库在不断改良，这使得 Python 在数据处理、数据分析以及数据可视化等方面成为各企业的优选方案。与其他数据分析工具相比，Python 具有一定的优势，如表 5-1 所示。

表5-1　Python的优势

优势	说明
数据处理能力强	相比 Excel 等表格程序，Python 能够处理更大的数据集、实现自动化分析，同时能够建立复杂的机器学习模型
数据分析能力强	相比其他统计分析软件，Python 能够处理复杂的数据逻辑，能实现统计软件的实验数据分析任务。另外，Python 在实际的应用场景中的数据分析任务上更有优势
学习门槛低	Python 主要用于帮助程序员进入数据分析领域、掌握统计技能，以及帮助其他开发人员进入数据科学领域。其学习门槛相比应用于学术研究的 R 语言会低一些
代码可读性强	相比数学上常用的软件 MATLAB，Python 的代码更简洁、可读性更强，同时在数据分析上 Python 支持更多图像处理包和工具集

同时，将 Python 在通用编程方面的强大实力与其在数据分析上的优势相结合，可进一步改善 Python 在数据处理方面的应用效果。

5.2　数据处理步骤

数据处理往往包含多个步骤，常见的主要是数据清洗、数据分析和数据可视化 3 个步骤，以下是各个步骤的详细介绍。

5.2.1　数据清洗

数据清洗指的是检测和修正数据集合中的错误数据项的数据预处理过程。在执行真实场景的数据分析任务时，所采集的数据往往会存在大量缺失值、噪声值等，同时还会存在因错误操作导致的异常值。进行数据清洗能够在一定程度上提高数据的质量。数据清洗主要针对3类数据：重复数据、缺失数据、异常数据。使用 Python 进行数据清洗主要包含以下3个步骤。

1. 重复值处理

数据录入过程、数据整合过程都可能会产生重复数据，也称重复值，将其直接删除是处理重复数据的主要方法。例如在一组图像中，若存在相同图像，便需要将重复、多余的图像删除，以避免对后续模型训练产生影响。同样，在一组文本数据中也需进行去重处理，以提高数据质量。

2. 缺失值处理

缺失值一般用 NA 表示，即代表该数据遗失、不存在。在处理时需要根据具体的业务情况处理缺失值。首先检查缺失值，之后可以根据实际需求采用删除缺失值并以指定值填补、产生缺失值指示变量并使其参与后续建模等方法处理缺失值。在文本数据中，当缺失值较少时，对于连续变量可以使用均值或中位数填补；而当缺失值较多时，可以引入虚拟变量进行处理。虚拟变量，又称哑变量，是量化过的自变量，通常取值为 0 或 1。一般地，在虚拟变量的设置中：基础类型、肯定类型取值为 1，比较类型、否定类型取值为 0。

3. 异常值处理

异常值又被称为离群值，指的是数据中与其他数值差异较大的数值。对于大部分的模型而言，异常值会严重干扰模型的结果，影响分析结论的真实性，因此需要在数据处理时将其清除。在文本数据中，对于单变量的处理，常见的方法有盖帽法、分箱法；多变量的处理方法为聚类法。而在图像数据中，可能会存在非图像格式、非彩色、尺寸不合适等问题，需要将相关图像筛选出来以避免干扰后续模型训练。

5.2.2　数据分析

数据分析需要根据实际的任务需求来进行，没有十分固定的分析流程。在正式分析数据之前，更重要的是明确分析的意义，厘清分析思路之后再进行处理和分析数据，这样做往往会事半功倍。数据特征的分析方法包括：分布分析、对比分析、统计分析、相关性分析、关联规则分析等。

5.2.3　数据可视化

数据处理中的可视化是指把数据用图表来表示，让数据变得更加容易理解和分析。可视化的终极目标是：洞悉蕴含在数据中的现象和规律，有助于发现、决策、解释、分析、探索和学习。在进行数据分析时，数据可视化尤为重要。Python 语言有一个强大的绘图库 Matplotlib，能够被用于绘制多种可视化图。在后续的项目中，会针对图像和文本两类数据，通过绘制条形图、箱线图、饼状图、小提琴图等，对数据进行图像可视化，并了解数据的特点。图 5-1 所示为数据可视化示例。

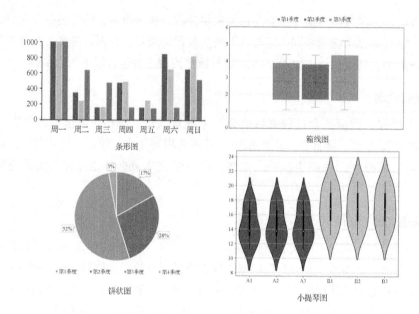

图 5-1　数据可视化示例

5.3　数据处理行业应用

数据处理在各行业中的应用很广泛，接下来具体介绍数据处理的行业应用例子。

5.3.1　人脸识别

人脸识别是深度学习领域的成熟技术之一。由于爬取到的人脸图像中难免会存在噪声图像与无关图像，无论前期从互联网上爬取数据时工作做得如何缜密，都不能保证最终获取的人脸图像一定符合训练的要求；而掺杂的低质量数据，往往会影响人脸识别模型训练的最终结果。因此需要在得到原始数据后对数据进行清洗、扩充、提高数据质量等操作，以此来提升人脸识别模型的精准度。

5.3.2　工业自动化

工业领域中，从发掘客户需求到销售、下订单、制订计划、研发、设计、工艺处理、制造、采购、供应、管理库存、发货和交付、售后服务、运维、报废或回收再制造等，产品的生命周期的各个环节都会产生数据。这些数据具有高时序性、高关联性、高准确性、高闭环性等特征。而这些工业数据的采集很难避免各类错误的发生，这就使得工业数据包含各种不同类型的"脏数据"，因此在对工业数据进行清洗时，需要兼顾检测效果以及检测性能方面的问题。在数据处理时，除了简单的重复值、缺失值、异常值处理外，还需要通过减小数据维度、实时序列处理、并行处理等方式提高数据质量以及检测性能。

5.3.3　机器翻译

机器翻译即自然语言处理的一个分支。在构建双语统计翻译系统之前，除了对数据进行基本的清洗外，还会进行双语数据处理，为后续环节（如词语对齐处理）提供分好词且格式恰当的双语数据。而词语对齐是为了得到中英文词语或短语的对齐信息，便于翻译系统解码时寻找相应的词、句。

5.3.4 医疗健康分析

人工智能"赋能"医疗是人工智能技术近年来的重大突破之一。医疗健康领域涉及多种医疗信息，各类医疗卫生系统记录和保存了大量重要的医疗数据，但是由于数据录入标准不同等因素，数据录入过程中产生了大量的无用数据，也就是所谓的脏数据。这些脏数据是不可用的，会对医疗卫生事业数据的记录和存储带来许多障碍，因此，必须要对这些无用数据进行处理，以提高医疗数据的质量，使医疗卫生事业大数据得到更深层次的挖掘，使其价值最大化。通过对医疗健康原始数据的清洗，及时发现问题，并对其进行深入分析，能为医疗健康领域的发展打下良好的基础。

 项目实施 | **EasyData 处理文本数据**

5.4 实施思路

基于对项目描述和知识准备的学习，读者应该已经了解了数据处理的工具、数据处理的步骤及数据处理的行业应用。接下来介绍通过 EasyData 对文本数据进行处理，使读者掌握基础数据处理工具的使用方法。具体步骤如下。

（1）创建数据集。

（2）导入原始数据。

（3）进行数据清洗。

5.5 实施步骤

步骤 1：创建数据集

在进行文本数据清洗之前，需要先获取数据集，并在 EasyData 平台上创建数据集来存放文本数据，具体可以通过以下步骤实现。

（1）本项目的数据集可在人工智能交互式在线实训及算法校验系统中本项目对应的实验环境中下载，数据集文件名称为"酒店评论数据集 .xlsx"。进入实验环境中的 data 文件夹，勾选对应数据集文件对应的复选框，单击"Download"按钮即可下载该数据集至本地。

（2）数据集共包含 10 条文本，内容都是对酒店的评价，可分为好评和差评。如图 5-2

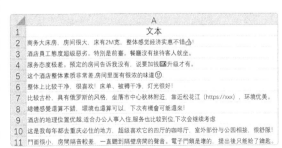

图 5-2　酒店评论数据集

所示，数据集中有部分文本包含表情、链接，还有部分文本含有繁体字，这些数据都是需要通过EasyData平台进行数据清洗的。

（3）登录人工智能交互式在线实训及算法校验系统，进入本项目的实验环境。单击"控制台"中"AI平台实验"的百度EasyData的"启动"按钮，进入EasyData平台，如图5-3所示。单击"立即使用"按钮，进入登录界面后，输入账号和密码。

（4）进入平台控制台后，在左侧的导航栏中，单击"我的数据总览"，"我的数据总览"标签页如图5-4所示。单击"创建数据集"按钮，进入信息填写界面。

图5-3　EasyData智能数据服务平台界面

图5-4　"我的数据总览"标签页

（5）在"数据集名称"一栏输入"酒店评论"，在"数据类型"一栏选择"文本"选项，在"标注类型"一栏选择"文本分类"选项，在"标注模板"一栏选择"短文本单标签"选项，在"数据集属性"一栏选择"数据自动去重"选项，如图5-5所示。信息填写完成后，单击"完成"按钮即可创建数据集。

图5-5　创建"酒店评论"数据集

（6）数据集创建完成后，即可在数据总览界面查看数据集详情。由图 5-6 可知，数据集的标注状态为"0%（0/0）"，这表示数据集中还未导入数据，数据量为 0。

酒店评论 🖉 数据集组ID: 191956					
版本	数据集ID	数据量	最近导入状态	标注类型	标注状态
V1 ☺	201590	0	● 已完成	文本分类	0% (0/0)

图 5-6　查看数据集详情

步骤 2：导入原始数据

接下来需要在数据集中导入原始数据，便于后续进行数据清洗，具体可通过以下步骤实现。

（1）在"我的数据总览"标签页中，单击"酒店评论"数据集右侧"操作"栏下的"导入"，如图 5-7 所示，进入数据导入界面。

（2）在"导入数据"的"数据标注状态"一栏选择"无标注信息"选项，在"导入方式"一栏选择"本地导入"选项，此处共支持 4 种方式：上传 Excel 文件、上传 TXT 文本、上传压缩包及 API 导入，如图 5-8 所示。其中，API 导入无学习要求，以下简单介绍其他 3 种方式的相关内容。

图 5-7　单击"导入"　　　　　　　　　图 5-8　查看导入方式

① 上传 Excel 文件
- 文件格式仅支持 XLSX 格式，每次最多可上传 100 个 Excel 文件。
- 使用第一列作为待标注文本，每行是一组样本，首行为表头（默认将被忽略）。
- 每个样本的文本内容最多不能超过 512 个字符（包括中英文字符、数字、符号等）。

② 上传 TXT 文本
- 文件格式仅支持 TXT 格式，编码方式为 UTF-8，每次最多可上传 100 个文件。
- 数据格式要求为"文本内容 \n"，即每行一个未标注样本，使用回车符换行。

③ 上传压缩包
- 压缩包仅支持 ZIP 格式，编码方式为 UTF-8。
- 一个文本文件代表一个样本，压缩前的源文件大小需要在 5GB 以内。

（3）原数据集为 XLSX 格式的文件，因此可以选择以"上传 Excel 文件"的方式导入数据。单击"上传 Excel 文件"按钮，选择数据集并上传。待文件上传完成后，单击"确认并返回"按钮即可完成导入数据，如图 5-9 所示。

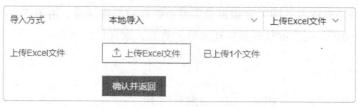

图 5-9　导入数据

（4）单击"确认并返回"按钮之后会回退到数据总览界面，此时可以看到该数据集的"最近导入状态"为"正在导入..."，进度为 1%，如图 5-10 所示。待"最近导入状态"更新为"已完成"时，表示数据已导入完成。

图 5-10　查看数据导入状态

（5）数据导入完成后，单击其右侧"操作"栏下的"查看"，即可查看数据集中的文本数据，这里可以看到部分文本含有表情符号、链接和繁体字，如图 5-11 所示。

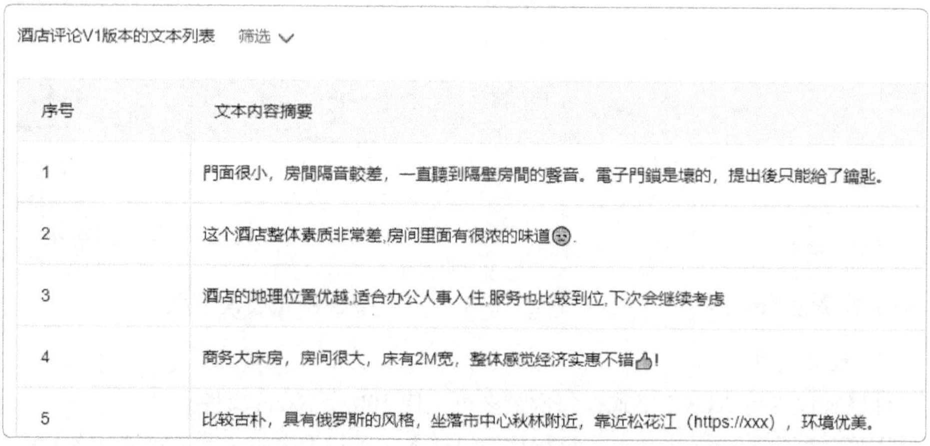

序号	文本内容摘要
1	門面很小，房間隔音較差，一直聽到隔壁房間的聲音。電子門鎖是壞的，提出後只能給了鑰匙。
2	这个酒店整体素质非常差，房间里面有很浓的味道 😣.
3	酒店的地理位置优越,适合办公人事入住,服务也比较到位,下次会继续考虑
4	商务大床房，房间很大，床有2M宽，整体感觉经济实惠不错👍!
5	比较古朴，具有俄罗斯的风格，坐落市中心秋林附近，靠近松花江（https://xxx），环境优美。

酒店评论V1版本的文本列表　筛选 ∨

图 5-11　查看文本数据

步骤 3：进行数据清洗

在对数据进行处理前，可以先通过以下步骤来了解智能数据服务平台的数据处理功能。

（1）单击左侧导航栏的"清洗任务管理"标签页，如图 5-12 所示，接着单击"新建清洗任务"按钮，进入信息填写界面。

（2）在"清洗方式"一栏选择"文本数据清洗"，选择清洗前的数据集名称为"酒店评论"，版本为"V1"，数据集需为非空且未标注的数据集。接着，选择清洗后的数据集名称为"酒店评论"，版本顺延为"V2"，如图 5-13 所示。顺延版本可以保存之前版本的数据集，便于后期进行数据集对比。

图 5-12　单击"清洗任务管理"标签页

图 5-13　设置清洗方式及数据集

（3）接下来依次查看平台所提供的 3 种文本数据的清洗方式。

① 去除 emoji

去除 emoji 指的是去掉源文本中的表情符号，具体示例如图 5-14 所示。

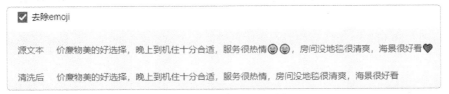

图 5-14　去除 emoji 示例

② 去除 URL

去除 URL 是指去掉源文本数据中的网页链接，包括所有以 http 或 https 开头的链接，具体示例如图 5-15 所示。

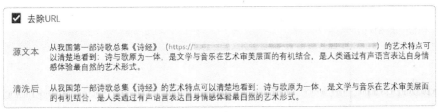

图 5-15　去除 URL 示例

③ 繁体转简体

繁体转简体是指将源文本中的繁体字转为简体字，通常情况下，使用简体字可以取得更好的模型效果，具体示例如图 5-16 所示。

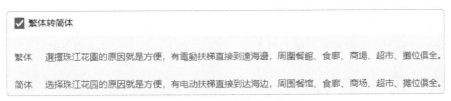

图 5-16　繁体转简体示例

（4）此处可以选择 1 ～ 3 种清洗方式，因此可以全部勾选每种清洗方式对应的复选框，接着单击"提交"按钮。等待数据集的清洗状态由"清洗中"更新为"清洗完成"，如图 5-17 所示，此过程预计需要 4 分钟。

（5）清洗完成后，在"清洗任务管理"标签页，单击数据集右侧"操作"栏下的"查看任务详情"，即可查看详情，其中包括开始时间、完成时间、提交数据量、清洗方式和清洗结果等信息。由图 5-18 可知，通过数据清洗，已经去除 3 个样本中的表情符号、1 个样本中的网址，并转换了 3 个样本中的繁体字。

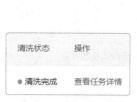

图 5-17　查看清洗状态

图 5-18　查看任务详情界面

（6）单击"清洗后数据集"下的"酒店评论 -V2"，即可查看清洗后的文本数据情况，如图 5-19 所示。

（7）由图 5-20 可知，清洗后的数据集中已去除了表情符号、网址，并转换了繁体字，数据清洗完成。

图 5-19　单击"酒店评论 -V2"

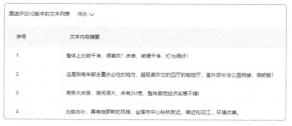

图 5-20　查看清洗后的数据集

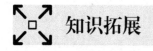

知识拓展

接下来具体介绍在深度学习中进行数据分析时需要的数据预处理操作。

1. 数据归一化

数据归一化就是指对数据进行处理后，通过某种算法将数据限制在一定范围内。数据归一化分为两种方法：一种是在数据都去均值之后，将每个维度上的数据都除以这个维度上数据的标准差；另一种是将数据除以数据绝对值的最大值，以保证所有的数据归一化之后都在 –1 ～ 1 之间。

2. 主成分分析

主成分分析是一种使用广泛的数据降维方法，其作用是找出数据的主要特征，并去掉基本无关的成分，从而达到降维的目的。

3. 数据增强

深度神经网络一般都需要大量的训练数据，才能获得比较理想的训练结果。在数据量有限的情况下，可以通过数据增强来增加训练样本的多样性，提高模型应对不同数据的处理能力，避免模型复杂度过高。

课后实训

（1）在对数据进行重新审查和校验的过程中，删除重复信息、纠正存在的错误，并保证数据一致性的过程称为（　　）。【单选题】

    A．数据挖掘　　　　B．数据清洗　　　　C．数据分析　　　　D．数据可视化

（2）以下哪项不属于数据清洗？（　　）【单选题】

    A．缺失值处理　　　B．重复值处理　　　C．归一化处理　　　D．异常值处理

（3）某超市研究销售记录数据后发现，买啤酒的人大概率也会购买尿布，这属于哪类任务？（　　）【单选题】

    A．关联规则　　　　B．聚类　　　　　　C．分类　　　　　　D．自然语言处理

（4）对于电商企业，（　　）可用于有效地提供不同商品的销售和趋势情况。【单选题】

    A．饼状图　　　　　　　　　　　　B．分组直方图

    C．气泡图　　　　　　　　　　　　D．条形图和线图的组合图

（5）数据的利用过程是？（　　）【单选题】

    A．数据采集——模型训练——数据清洗——数据分析

    B．数据采集——数据分析——数据清洗——模型训练

    C．数据采集——数据清洗——模型训练——数据分析

    D．数据采集——数据清洗——数据分析——模型训练

项目6

图像数据处理

06

近年来，信息技术不断发展，人工智能已参与到日常生活中的各个方面。新模型的学习能力更强，对图像特征的把握更到位，其在图像识别、物体检测、人脸识别等领域的应用都取得了良好的效果。但由于所采集的图像数据不可避免地存在噪声图像和无关图像等问题，采集工作无法保证所获取的数据一定符合训练要求。因此，训练任务开始前对于数据的处理尤为重要。

项目目标

（1）了解图像的基础知识。
（2）掌握图像数据清洗与分析的方法。
（3）掌握图像数据可视化的方法。
（4）能够根据业务需求进行图像数据处理。

项目描述

本项目将介绍图像数据的处理操作，包括图像数据的清洗、分析以及可视化，以为后续的模型训练提供更高质量的图像数据集。通过项目实施，对"石头剪刀布"图像数据集进行处理，使读者进一步理解并掌握图像数据处理方法。

知识准备

6.1 图像基础知识

在学习图像数据处理之前，首先需要了解图像的基础知识，主要包括图像的概念、图像的存储方式。

6.1.1　图像的概念

图像是"人类视觉的基础",是对自然景物的客观反映,是人类认识世界和人类本身的重要"源泉"。形式极简单的图像是二元函数 $f(x,y)$,即将坐标点的数值映射到表示亮度或颜色的相关整数或实数,坐标点称为像素,像素值对应着像素点的灰度值或颜色值。在计算机中,通常将像素通道所对应的值表示为 0 ～ 255 的整数或 0 ～ 1 的浮点数。

6.1.2　图像的存储方式

计算机可以将图像存储为不同类型的文件,每个文件包括元数据和多维数组的数据。对于灰度图,即没有色彩的图像,使用"宽度 × 高度"的二维数组模式存储。RGB 图像,即常见的彩色图像,是由红、绿、蓝 3 个颜色通道组成的, 3 个颜色通道共同作用产生了完整的图像,该图像需要使用"宽度 × 高度 ×3"的三维数组模式存储,R、G、B 依次表示红色、绿色、蓝色,如图 6-1 所示。

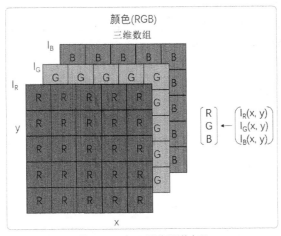

图 6-1　RGB 图像通道表示

6.2　图像数据处理方法

在图像数据处理的常见流程中,通常包括图像数据清洗、图像数据分析及图像数据可视化 3 个步骤,以下简单介绍各个步骤。

6.2.1　图像数据清洗

提高数据质量非常重要的一步是数据清洗。图像数据集的清洗主要是去除无效文件,然后筛选出数据集中非图像格式的文件以及非彩色图像,最后统一图像的格式与尺寸,并按文件夹分类存放清洗好的数据文件。本步骤需要用到 OpenCV 库、os 库、NumPy 库、shutil 库等 Python 库。

- 图像格式处理:遍历目录文件,通过使用 imghdr.what() 函数判断文件格式或读取文件扩展名来筛选非 BMP、JPEG、PNG 等静态图像文件格式的数据。

- 非彩色图像的处理：通过判断其存储模式，读取图像的维度，如果维度为 2，说明只有一个颜色通道，即表示为灰度图。
- 图像尺寸判断：通过读取图像的宽度和高度信息来进行后续处理。

6.2.2 图像数据分析

数据清洗完成后，需要对数据进行分析，对于不同任务的图像数据可能需要使用不同的分析方法。基本的方法是统计清洗后图像数据的数量信息，读取每一个图像，使用 len() 函数统计图像的总数。若是图像分类任务，则需对每一类图像数据进行统计。

6.2.3 图像数据可视化

经过数据清洗和分析后，接下来要进行数据可视化，以使数据可以更加直观地被人们理解。数据可视化步骤需要使用 Matplotlib 库进行图像数据的展示。若存在多种类型的图像数据，则可以通过绘制条形图直观地查看每一类图像的数量，也可以通过绘制饼状图来直观地查看每一类图像的占比，还可以使用 Matplotlib 库中的函数读取并显示处理好的图像。

6.3 Python 库介绍

接下来介绍图像数据处理需要使用的 Python 库，包括 OpenCV 库、Matplotlib 库以及 os 库。

6.3.1 OpenCV 库

OpenCV 库是一个开源的计算机视觉库，它提供了很多用于图像数据处理的函数，包括图像读取、图像裁剪、图像旋转等函数。需要注意的是，在 Python 语言中，安装该库时所使用的命令是 pip install opencv-python，但在导入该库的时候应采用 import cv2 命令。OpenCV 库的应用领域非常广泛，包括图像拼接、图像降噪、产品质检、人机交互、人脸识别、动作识别、动作跟踪、无人驾驶等领域。本项目会介绍使用 OpenCV 库对图像进行读取，读取图像时，OpenCV 库会返回 NumPy 数据。

OpenCV 库用于图像数据处理的主要函数及其功能与参数说明如表 6-1 所示。

表6-1　OpenCV库用于图像数据处理的主要函数及其功能与参数说明

函数	功能与参数说明
cv2.imread(filepath,flags)	读入图像。 filepath：读入图像的完整路径。 flags：读入图像的标志，默认值 1 代表 3 通道，−1 代表原通道，0 代表 1 通道
cv2.imwrite(file,img,num)	保存图像。 file：要保存的文件的名称。 img：要保存的图像质量，用 0 ～ 100 的整数表示，默认值为 95。 num：压缩级别，默认值为 3

6.3.2 Matplotlib 库

Matplotlib 库是 Python 数据可视化绘图库，用于在 Python 中创建静态画板、动画和进行交互式可视化显示。通过该库显示图像时所处理的数据均为 NumPy 数据。

Matplotlib 库用于图像数据处理的主要函数及其功能与参数说明如表 6-2 所示。

表6-2 Matplotlib库用于图像数据处理的主要函数及其功能与参数说明

函数	功能与参数说明
plt.figure(num,figsize,dpi,facecolor,edgecolor,frameon)	定义图像窗口。 num：图像编号或名称，数字表示编号，字符串表示名称。 figsize：指定 figure 的宽和高，单位为英寸（1 英寸 =2.54 厘米）。 dpi：指定绘图对象的分辨率。 facecolor：背景颜色。 edgecolor：边框颜色。 frameon：表示是否显示边框
plt.imread(path,mode)	读取图像。 path：要读取的图像文件路径。 mode：假定用于读取数据的图像文件格式
plt.imshow(X)	显示读取的图像。 X：图像数据
plt.plot(x,y,format_string)	绘制图像。 x：x 轴数据，可为列表或数组。 y：y 轴数据，可为列表或数组。 format_string：控制曲线的格式字符串，由颜色字符、风格字符和标记字符组成

6.3.3 os 库

os 库是 Python 标准库，包含几百个函数，这些函数常被用于路径操作、进程管理、环境参数设置等。os.path 子库以 path 为"入口"，用于操作和处理文件路径。os 库的主要函数及其功能与参数说明如表 6-3 所示。

表6-3 os库的主要函数及其功能与参数说明

函数	功能与参数说明
os.mkdir(path,mode)	以数字权限模式创建目录。 path：要创建的目录，可以是相对路径或绝对路径。 mode：要为目录设置的权限数字模式
os.listdir(path)	返回指定的文件夹与其包含的文件或文件夹的名字的列表。 path：要进行遍历的文件夹路径
os.path.join(path1,path2)	连接两个或更多的路径名组件。 path1、path2：要进行拼接的文件路径

6.4 实施思路

通过项目描述以及知识准备内容的学习，读者应该已经掌握了图像数据处理的方法。接下来将介绍对"石头剪刀布"图像数据集进行的数据处理。该数据集位于人工智能交互式在线实训及算法校验系统中本项目对应的实验环境。进入实验环境中的 unprocessed_data 文件夹中即可找到对应的数据集文件。"石头剪刀布"数据集中包含剪刀类、石头类以及布类 3 类手势数据。每一类有 250 个图像，分别存放在 3 个文件夹中。该数据集总共有 750 个图像，每个图像仅存在一种手势。本项目的实施思路如下。

（1）导入项目所需库。

（2）新建相关文件夹。

（3）读取相关文件。

（4）数据清洗。

（5）数据分析。

（6）数据可视化。

6.5 实施步骤

步骤 1：导入项目所需库

首先需要将项目所需的 Python 库导入，代码如下。

```
#NumPy 用于读取图像维度信息
import numpy as np
#os 用于进行目录操作
import os
#OpenCV 用于读取图像
import cv2
#shutil 用于移动筛选、分离出的文件
import shutil
#Matplotlib 用于显示图像
import matplotlib.pyplot as plt
```

步骤 2：新建相关文件夹

导入完相关的库后，需要进行数据清洗操作，首先要更改工作目录，以及新建存放筛选、分离出的文件的文件夹。

（1）新建存放筛选、分离出的文件的文件夹：建立 format、gray、shape 文件夹分别用于存

放非图像格式、非彩色图像以及尺寸不合适的图像，代码如下。

```
os.mkdir('./format')
os.mkdir('./gray')
os.mkdir('./shape')
```

（2）新建目标文件夹，用于存放清洗好的数据，代码如下。

```
os.mkdir('./processed_data')
dst_data=('./processed_data') # 设立为目标文件夹
```

此步骤的操作是将工作目录切换至数据所在的文件夹，并分别建立了 format、gray、shape 文件夹用于存放筛选出的图像，以及新建 processed_data 文件夹用于存放清洗完毕的图像数据。

步骤 3：读取相关文件

新建完文件夹以后，需要通过 os.listdir() 函数读取未经过处理的"石头剪刀布"数据集文件下的所有文件，用于后续的数据清洗工作，代码如下。

```
rock_path = os.listdir('./unprocessed_data/rock') # 石头手势数据路径
scissors_path = os.listdir('./unprocessed_data/scissors') # 剪刀手势数据路径
hand_path = os.listdir('./unprocessed_data/hand') # 布手势数据路径
```

步骤 4：数据清洗

在进行数据清洗之前，应先简单分析数据。

首先进行每类数据的数据量统计，代码如下。

```
files_rock = os.listdir('./unprocessed_data/rock')
files_scissors = os.listdir('./unprocessed_data/scissors')
files_hand = os.listdir('./unprocessed_data/hand')
print('rock : ',len(files_rock))
print('scissors : ',len(files_scissors))
print('hand : ',len(files_hand))
```

通过以下输出结果可以发现每类数据的图像数量均为 250。

```
rock : 250
scissors : 250
hand : 250
```

接下来，分别对 rock、scissors、hand 这 3 类手势图像数据进行数据清洗操作。

（1）rock 类别

① 处理非图像格式的文件

首先对非 JPG、PNG、BMP 格式的文件进行筛选。

```
dst_format = ('./format/') # 设置筛选后文件的目标路径
for files in rock_path:
    filename1 = os.path.splitext(files)[1] # 读取文件扩展名
    filename0 = os.path.splitext(files)[0] # 读取文件名
    # 筛选扩展名非 .jpg、.png 以及 .bmp 的文件
```

```
    if filename1 != '.jpg' and filename1 != '.png' and filename1 != '.bmp':
        print(filename0,filename1,'is a improper format')
        src_format = os.path.join('./unprocessed_data/rock/', files)
        # 将分离出的非规定格式的文件移动到 format 目录中
        shutil.move(src_format,dst_format)
```

由如下输出结果可知，经过处理，成功筛选出了 10 个 GIF 格式的非静态图像文件。

```
rock110 .gif is a improper format
rock122 .gif is a improper format
rock125 .gif is a improper format
rock160 .gif is a improper format
rock18 .gif is a improper format
rock185 .gif is a improper format
rock191 .gif is a improper format
rock194 .gif is a improper format
rock201 .gif is a improper format
rock208 .gif is a improper format
```

② 处理非彩色图像文件

之后通过读取图像的存储维度来判断图像是否为彩色图像。6.1 节中提到过，若图像的存储维度为二维，则图像是灰度图。

```
# 重新读取需要进行数据清洗的文件列表
rock_path = os.listdir('./unprocessed_data/rock')
dst_gray = ('./gray/') # 设置筛选后文件的目标路径
for files in rock_path:
    # 读取文件并将其拼接到路径中
    filename = os.path.join('./unprocessed_data/rock/',files)
    # 读取 rock 目录下的图像文件，注意：flag 需要设置为 -1，这样才能保证图像的通道与原来的保
持一致
    img = cv2.imread(filename, -1)
    dim = img.ndim # 读取 img 的维度
    if dim == 2: # 若维度为二维，则为单通道灰度图
        print(files, "is a gray image")
        src_gray = os.path.join('./unprocessed_data/rock/', files)
        # 将分离出的灰度图移动到 gray 目录中
        shutil.move(src_gray,dst_gray)
```

由如下输出结果可知，通过维度判断，已成功筛选出了 5 个灰度图。

```
rock5.png is a gray image
rock60.png is a gray image
rock66.png is a gray image
rock95.png is a gray image
rock_98.png is a gray image
```

③ 检验图像尺寸

清洗环节最后的操作是检验图像的尺寸。本项目所采集图像的标准尺寸为 300 像素 × 200 像素，在去除非标准格式的图像后，对图像尺寸是否统一进行检验。

```
# 重新读取需要进行数据清洗的文件列表
rock_path = os.listdir('./unprocessed_data/rock')
dst_shape = ('./shape/')  # 设置筛选后文件的目标路径
for k in rock_path:
    img = cv2.imread('./unprocessed_data/rock/' + k)
    h,w,c = img.shape
    if h != 200 and w!= 300:
        print(k,'is not the right size')
        src_shape = os.path.join('./unprocessed_data/rock', k)
        shutil.move(src_shape,dst_shape)
```

输出结果如下，通过图像宽度和高度的判断，已成功筛选出了 5 个尺寸不符合的图像。

```
rock210.png is not the right size
rock230.png is not the right size
rock243.png is not the right size
rock38.png is not the right size
rock_49.png is not the right size
```

④ 文件转移

经过以上步骤，对 rock 类的数据清洗操作完成。需要将清洗好的 rock 数据集转移到 processed_data 文件夹中。

```
src_data1 = ('./processed_data/rock')
shutil.move(src_data1,dst_data)
```

经过此步骤，便可把清洗好的 rock 数据集存放在 processed_data 文件夹中。

（2）scissors、hand 类别

scissors、hand 类数据的清洗方法与 rock 类的相似，分别使用下述代码对这 2 类数据进行清洗。

① scissors 类数据清洗

```
# scissors 类
for files in scissors_path:
    filename1 = os.path.splitext(files)[1]
    filename0 = os.path.splitext(files)[0]
    filename = os.path.join('./unprocessed_data/scissors/',files)
    img = cv2.imread(filename, -1)

    if filename1 != '.jpg' and filename1 != '.png' and filename1 != '.bmp':
        print(filename0,filename1,'is a improper format')
        src_format = os.path.join('./unprocessed_data/scissors/', files)
        shutil.move(src_format,dst_format)
```

```
    if img.ndim == 2:
        print(files, "is a gray image")
        src_gray = os.path.join('./unprocessed_data/scissors/', files)
        shutil.move(src_gray,dst_gray)
# 重新读取需要进行数据清洗的文件列表
scissors_path = os.listdir('./unprocessed_data/scissors')
for k in scissors_path:
    img = cv2.imread('./unprocessed_data/scissors/' + k)
    h,w,c = img.shape
    if h != 200 and w!= 300:
        print(k,'is not the right size')
        src_shape = os.path.join('./unprocessed_data/scissors', k)
        shutil.move(src_shape,dst_shape)
src_data2 = ('./processed_data/scissors')
shutil.move(src_data2,dst_data)
```

② hand 类数据清洗

```
# hand 类
for files in hand_path:
    filename1 = os.path.splitext(files)[1]
    filename0 = os.path.splitext(files)[0]
    filename = os.path.join('./unprocessed_data/hand/',files)
    img = cv2.imread(filename, -1)

    if filename1 != '.jpg' and filename1 != '.png' and filename1 != '.bmp':
        print(filename0,filename1,'is a improper format')
        src_format = os.path.join('./unprocessed_data/hand/', files)
        shutil.move(src_format,dst_format)

    if img.ndim == 2:
        print(files, "is a gray image")
        src_gray = os.path.join('./unprocessed_data/hand/', files)
        shutil.move(src_gray,dst_gray)
# 重新读取需要进行数据清洗的文件列表
hand_path = os.listdir('./unprocessed_data/hand')
for k in hand_path:
    img = cv2.imread('./unprocessed_data/hand/' + k)
    h,w,c = img.shape
    if h != 200 and w!= 300:
        print(k,'is not the right size')
        src_shape = os.path.join('./unprocessed_data/hand', k)
        shutil.move(src_shape,dst_shape)
src_data3 = ('./processed_data/hand')
shutil.move(src_data3,dst_data)
```

经过以上步骤，便完成了数据清洗任务，并把清洗后的数据存放至 processed_data 文件夹，按照 rock、scissors、hand 这 3 类文件进行存放。

步骤 5：数据分析

查看数据清洗后每类数据的数据量。

```
files_rock = os.listdir('./processed_data/rock')
files_scissors = os.listdir('./processed_data/scissors')
files_hand = os.listdir('./processed_data/hand')
print('rock : ',len(files_rock))
print('scissors : ',len(files_scissors))
print('hand : ',len(files_hand))
```

输出结果如下，可以看到每类手势数据文件均有 230 个文件，与清洗前的统计数量不一致，每类图像数据均清洗、过滤了 20 个图像文件。

```
rock : 230
scissors : 230
hand : 230
```

步骤 6：数据可视化

完成数据清洗，可通过以下步骤进行数据可视化。

（1）采用 Matplotlib 库，读取并显示部分数据图像，代码如下。

```
# 导入 Matplotlib 库
import matplotlib.pyplot as plt
# 随机选取一个图像进行显示
img = plt.imread('./processed_data/rock/rock_10.png')
plt.imshow(img)
plt.axis('off') # 不显示刻度
plt.show() # 显示图像
```

（2）输出结果如图 6-2 所示，展示了其中一个石头手势图像的可视化结果。同样可以通过修改 plt.imread() 中的参数，选取其他图像进行读取和显示。

图 6-2　通过 Matplotlib 显示图像

（3）使用 Matplotlib 库进行条形图的绘制，以便更加直观地显示图像数据量，代码如下。

```
# 设置中文显示
```

```
plt.rcParams['font.sans-serif'] = ['SimHei']
plt.rcParams['axes.unicode_minus'] = False
# 数据可视化——条形图绘制
labels = ['rock','scissors','hand']
height = [230,230,230]

fig, ax = plt.subplots()

ax.bar(labels, height, width = 0.4, color = ['r','g','b'])
ax.set_title(' 各类数据的数量 ')
ax.set_ylabel(' 数量（单位：张）')

plt.show()
```

输出结果如图 6-3 所示。

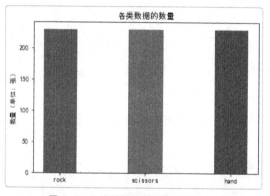

图6-3 3类数据的条形图显示结果

（4）根据所有的数据处理操作，可以得知本次的"石头剪刀布"数据集每类数据存在小部分不符合图像格式要求的 GIF 图像、灰度图，以及图像尺寸大小不符合要求的图像。清洗完成后的各类数据均有 230 个文件，全部为 PNG 格式的图像文件。

知识拓展

数据处理被更多地定义为训练开始前的数据预处理工作，是为了保证拥有更高质量的数据以及进行简单的数据分析。接下来简单介绍其中一种比较常见的图像处理方法——图像翻转。

OpenCV 库提供了 flip() 函数用于对图像进行水平、垂直和对角翻转操作，可通过以下方法对图像进行翻转处理。

6.6 图像水平翻转

首先，新建一个目录来存放转换处理后的图像。

```
os.mkdir('./extra')
```

查看原图展示效果。

```
img = plt.imread('./processed_data/scissors/scissors_10.png')
plt.imshow(img)
plt.axis('off')
plt.show()
```

输出结果如图 6-4 所示。

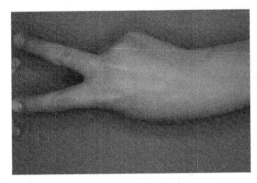

图 6-4　显示原始数据图像

使用 OpenCV 库的方法进行图像的水平翻转处理，代码如下。

```
# 读取图像
img = plt.imread('./processed_data/scissors/scissors_10.png')
# 水平翻转
img_flip = cv2.flip(img, 1)

plt.imshow(img_flip)
plt.axis('off')
plt.show()

# 保存图像
cv2.imwrite('./extra/scissors_10_flip_1.png',img_flip)
```

输出结果如图 6-5 所示。

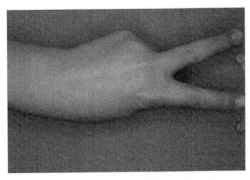

图 6-5　显示水平翻转后的图像

6.7 图像垂直翻转

学习完水平翻转相关内容以后，通过修改 cv2.flip() 函数中参数 flipCode 为 0，将图像进行垂直翻转。图像垂直翻转的代码如下。

```
# 读取图像
img = plt.imread('./processed_data/scissors/scissors_10.png')
# 垂直翻转
img_flip = cv2.flip(img, 0)

plt.imshow(img_flip)
plt.axis('off')
plt.show()

# 保存图像
cv2.imwrite('./extra/scissors_10_flip_2.png',img_flip)
```

输出结果如图 6-6 所示。

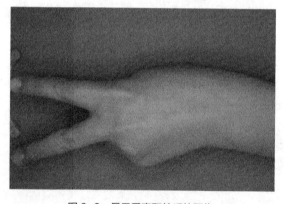

图 6-6　显示垂直翻转后的图像

6.8 图像对角翻转

最后学习图像的对角翻转，通过修改 cv2.flip() 函数中的参数 flipCode 为 -1，将图像进行对角翻转。图像对角翻转的代码如下。

```
# 读取图像
img = plt.imread('./processed_data/scissors/scissors_10.png')
# 对角翻转
img_flip = cv2.flip(img, -1)

plt.imshow(img_flip)
plt.axis('off')
```

```
plt.show()

# 保存图像
cv2.imwrite('./extra/scissors_10_flip_3.png',img_flip)
```

输出结果如图 6-7 所示。

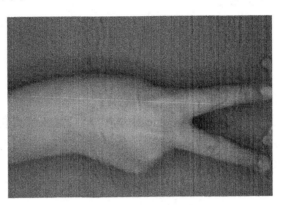

图 6-7 显示对角翻转后的图像

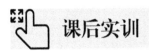 课后实训

（1）采用"宽度 × 高度"的二维数组的模式存储的图像叫（   ）。【单选题】

    A. RGB 图   B. 灰度图   C. 平滑图   D. 轮廓图

（2）OpenCV 库的函数中，起读取图像功能的函数是（   ）。【单选题】

    A. imshow()   B. imwrite()   C. imread()   D. waitkey()

（3）关于图像的格式，采用未进行压缩的图像格式是（   ）。【单选题】

    A. BMP   B. JPEG   C. GIF   D. PNG

（4）以下哪个 Python 库不经常用于图像处理？（   ）【单选题】

    A. PIL/Pillow 库   B. OpenCV 库   C. Matplotlib 库   D. jieba 库

（5）图像数据清洗不包括（   ）。【单选题】

    A. 图像数据归一化   B. 分离灰度图

    C. 去除尺寸过小的图像   D. 去除无效格式的图像

项目 7

文本数据处理

07

在人工智能出现之前，计算机只能处理结构化的数据。日常生活中的很多数据都是非结构化的，如文本、图像、音频、视频等。而在非结构化数据中，文本数据数量极多。实现更高级别的人工智能所必需的重大突破之一就是更好地处理、分析文本数据。

项目目标

（1）掌握文本数据清洗的方法。
（2）掌握文本数据可视化的方法。
（3）能够根据业务需求进行文本数据处理。

项目描述

文本数据的数量在现代生活中不断增长，这也"迫使"人们从文本数据中挖掘新知识、新观点，处理文本数据已经变得前所未有的重要。本项目中，将介绍文本数据的处理方法，包括文本数据清洗、文本数据分析与数据可视化，并且会通过对话情感倾向分析实践项目来帮助读者进一步掌握文本数据处理的方法。

知识准备

7.1 文本数据处理的应用

下面先介绍文本数据的基础知识。文本数据属于非结构化数据，常应用在自然语言处理学科当中。自然语言处理（Natural Language Processing，NLP）是人工智能和语言学领域的交叉学科，该学科主要研究如何处理及运用自然语言,特别是如何编程使计算机能够成功处理大量的自然语言数据。

海量文本数据存在于日常生活当中,文本数据处理有几种典型的应用,如表 7-1 所示。

表7-1 文本数据处理的典型应用

应用	说明
情感分析	互联网上有大量的文本信息,虽然这些信息所要表达的内容不尽相同,但它们均有特定的情感表达。情感分析便是对带有感情色彩的文本进行分析、处理、归纳和推理的过程,可以用于舆情监控、信息预测以及了解某消费品在大众心目中的评价
机器翻译	机器翻译是一项研究如何使用计算机,将文本数据从一种语言翻译成另一种语言的任务。很多研究使用深度神经网络直接对翻译过程进行建模,并使模型在只提供原文数据与译文数据的情况下,自动学习必要的语言知识。这种基于深度神经网络的翻译模型目前已经获得了良好的效果
语音交互	语音交互包含语音识别、语言处理以及语音合成,是指接收人类语音中的词汇内容,并将其转换为计算机可读的输入数据,接着进行文本数据的理解和处理,最后将文本数据转化为语言的过程
聊天机器人	聊天机器人提供开放域的聊天场景,就像两个朋友聊天,不限制主题和内容。聊天机器人的典型代表有小冰、Siri 等。其中闲聊式的机器人的开发难度大,需要大量的文本数据集,以及能兼顾灵活度和准确度的算法模型

7.2 文本数据处理方法

在讲解完文本数据处理的基础知识和典型应用后,接下来将介绍文本数据的处理方法,帮助读者提高训练数据的质量,以及更好地分析、理解文本数据。

7.2.1 文本数据清洗

文本数据在真实采集过程中不可避免地存在许多缺失值、异常值等。同时,相比图像数据而言,文本数据的数据类型会更加复杂。因此在清洗的过程中需要注意流程的规整,这样才能保证清洗后的数据质量。

1. 缺失值处理

缺失值一般用 NaN(Not a Number,非数)表示。接下来通过简单的例子进行介绍。

```
import pandas as pd
import numpy as np


df = pd.DataFrame({'学号':[1,2,2,3,4],
         '姓名':['小明','小红','小红','小王','小赵'],
         '成绩':[90.0,80.0,80.0,np.nan,60.0]})
# 查看数据
df
```

输出结果如下。

	学号	姓名	成绩
0	1	小明	90.0
1	2	小红	80.0
2	2	小红	80.0
3	3	小王	NaN
4	4	小赵	60.0

首先需要使用 isnull() 函数来判断数据中是否存在缺失值,若存在缺失值则显示为 True,否则显示为 False。

```
df.isnull()
```

输出结果如下。

	学号	姓名	成绩
0	False	False	False
1	False	False	False
2	False	False	False
3	False	False	True
4	False	False	False

在筛选出缺失值以后,对于不同的应用场景需结合相应的业务规则对缺失值进行填补或去除。一般来说,不同的缺失程度有不同的处理方法。当缺失值较少时,可以直接采用 dropna() 函数对缺失值进行删除处理。

```
df.dropna()
```

输出结果如下。

	学号	姓名	成绩
0	1	小明	90.0
1	2	小红	80.0
2	2	小红	80.0
4	4	小赵	60.0

或者使用 fillna() 函数对应填补均值(mean())或中位数(median())。

```
df[' 成绩 '].fillna(df[' 成绩 '].mean())
```

输出结果如下。

```
0 90.0
1 80.0
2 80.0
3 77.5
4 60.0
Name: 成绩 , dtype: float64
```

在 fillna() 函数中加入参数 inplace = True,即可对原始对象进行修改。

```
df[' 成绩 '].fillna(df[' 成绩 '].mean(),inplace = True)
```

```
df
```

输出结果如下。

	学号	姓名	成绩
0	1	小明	90.0
1	2	小红	80.0
2	2	小红	80.0
3	3	小王	77.5
4	4	小赵	60.0

当缺失值较多时，需要使用 isnull() 函数产生变量缺失值的指示变量，即 0 与 1；还需使用 apply() 函数将其替换成 int 类型。每一个变量缺失值生成一个指示哑变量参与后续建模。

```
df[' 成绩 '].isnull().apply(int)
```

输出结果如下。

```
0 0
1 0
2 0
3 1
4 0
Name: 成绩 , dtype: int64
```

2. 重复值处理

对于重复值，直接删除数据是主要的处理方法。使用 duplicated() 函数查找重复值。

```
df[df.duplicated()]
```

输出结果如下。

	学号	姓名	成绩
2	2	小红	80.0

在查找出重复值之后，可使用 drop_duplicates() 函数删除重复值。

```
df.drop_duplicates()
```

输出结果如下。

	学号	姓名	成绩
0	1	小明	90.0
1	2	小红	80.0
3	3	小王	77.5
4	4	小赵	60.0

3. 异常值处理

异常值又称为离群值，是指在数据集中表现出不合理的特性，远离绝大多数样本点的"特殊群体"数据点。如果不对这些异常的数据点进行处理，在特定的建模场景下就会导致结果出错。

常用的检测方法是 3σ 原则法和箱线图法。其中，3σ 原则法只适用于正态分布的数据，异常值被定义为观察值和均值的偏差超过 3 倍标准差的值。而箱线图法则是利用数据的分位数识别其中的异常值。

这里介绍箱线图法，箱线图示例如图 7-1 所示。

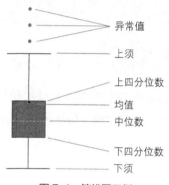

图 7-1　箱线图示例

下面对箱线图中的对应名称进行说明，如表 7-2 所示。

表7-2　箱线图中的对应名称及说明

名称	说明
下四分位数	25% 分位点对应的值（Q1）
中位数	50% 分位点对应的值（Q2）
上四分位数	75% 分位点对应的值（Q3）
上须	Q3+1.5(Q3−Q1)
下须	Q1−1.5(Q3−Q1)

若变量的数据值大于箱线图的上须值或者小于箱线图的下须值，就可以认为这样的数据点为异常值点。

7.2.2　文本数据分析与可视化

完成数据清洗后需要对文本数据进行分析与可视化。文本数据分析根据不同的文本处理任务有不同的分析方法，每项任务拥有成体系的分析方法，在此不一一展开阐述。数据可视化可以更加直观地体现文本数据的特征，实现数据可视化离不开 Matplotlib 库。

利用 Matplotlib 进行数据可视化的主要代码及说明如表 7-3 所示。

表7-3　利用Matplotlib进行数据可视化的主要代码及说明

代码	说明
import matplotlib.pyplot as plt	导入 Matplotlib 库
fig, ax = plt.subplot()	新建图像（figure）和图（axes）
ax.xlim()/ax.ylim()	定义 x 或 y 坐标轴范围

代码	说明
ax.xlabel()/ax.ylabel()	定义 x 或 y 坐标轴名称
ax.xticks()/ax.yticks()	定义 x 或 y 坐标轴刻度及名称
ax.set_title()	设置图像名称
ax.bar()	绘制条形图
ax.pie()	绘制饼状图
plt.show()	展示图像

 项目实施 | **对话情感倾向分析**

7.3 实施思路

基于项目描述和知识准备的内容，读者应该已经掌握了文本数据的处理方法。接下来进入实操环节，使用"对话情感倾向分析"数据集进行数据处理操作。该数据集位于人工智能交互式在线实训及算法校验系统中本项目对应的实验环境。进入实验环境中的 data 文件夹，即可找到对应数据集文件 unprocess.csv。"对话情感倾向分析"数据集中的情感倾向可分类为积极（positive）和消极（negative），数据标签如表 7-4 所示。

表7-4　对话情感倾向分析标签说明

label（标签）	split（标签值）
positive	1
negative	2

该数据集共有 1200 条数据，其中包含重复值、缺失值、离散值以及 label 列。需要对该数据集进行数据处理，具体的实施步骤如下。

（1）导入项目所需库。

（2）读取数据。

（3）概览数据。

（4）处理缺失数据。

（5）处理重复数据。

（6）处理异常数据。

（7）分析数据。

（8）可视化数据。

7.4 实施步骤

步骤1：导入项目所需库

首先，需要将项目所需的 Python 库全部导入。

```python
import pandas as pd
import numpy as np
import matplotlib.pyplot as plt
from collections import Counter
```

步骤2：读取数据

由于数据为 CSV 文件，因此采用 read_csv() 函数进行数据读取。

```python
df = pd.read_csv('./data/unprocess.csv', encoding='gbk')
```

步骤3：概览数据

读取数据以后，使用 head() 函数概览数据。

```python
df.head(10) # 显示前 10 行数据
```

输出结果如下。

序号	label	text_a
0	1.0	说 的 就是 你
1	1.0	我 恨 你 不 爱 你 了
2	1.0	你 看 我 上线 太 让 我 伤心 了 不行 就 不行
3	1.0	真是 让 人 讨厌
4	2.0	赞 一个！
5	1.0	我 不 想 人家 说 你 闲话
6	2.0	你 真好 我 有 你 谢谢 朋友
7	1.0	可是 你 刚才 就 骗 我 了
8	1.0	儿子 发烧 了，没 人 和 我 说话，心里 很 不是 滋味儿
9	1.0	我 只是 很 愁

从以上输出结果中可以看到前 10 行文本数据的情况。若需查看不同行数的文本数据，可以改变 head() 函数中参数 n 的值，其默认值为 5。接着可以使用 info() 函数进行数据格式的查看。

```python
df.info()
```

从以下输出结果中可以看到，数据总共有 1200 条。label 标签列的数据类型为 float，text_a 文本列的数据类型为 object。

```
<class 'pandas.core.frame.DataFrame'>
RangeIndex: 1200 entries, 0 to 1199
Data columns (total 2 columns):
# Column Non-Null Count Dtype
```

```
--- ------ ---------------- -----
0 label 1150 non-null float64
1 text_a 1150 non-null object
dtypes: float64(1), object(1)
memory usage: 18.9+ KB
```

步骤 4：处理缺失数据

（1）简单了解完数据以后，需要进行数据清洗操作。首先，查看是否存在缺失数据。由于数据量较大，不宜直接采用 isnull() 函数查看全部数据，可以搭配使用 any() 函数来查看是否存在缺失数据。

```
df.isnull().any() # 查看是否存在缺失数据
```

输出结果如下。

```
label True
text_a True
dtype: bool
```

根据结果均为 True 可知，label 和 text_a 列均存在缺失数据。接下来查看有缺失值的完整数据。

```
df[df.isnull().values==True]
```

输出结果如下。

	label	text_a
13	1.0	NaN
28	1.0	NaN
69	1.0	NaN
102	1.0	NaN
117	2.0	NaN
...	...	...
1140	1.0	NaN
1142	2.0	NaN
1145	NaN	哈哈 骗 你 辣 我 初二 哦
1160	NaN	没关系 反正 你 也 不敢 骂 我
1170	1.0	NaN

100 rows × 2 columns

结果显示共有 100 条缺失数据。由于相对总数据量来说缺失数据较少，且在"对话情感倾向分析"的数据集中填充数据的意义不大，因此采用直接删除的方式对缺失数据进行处理。

```
#subset = ['text_a','label'] 表示进行操作的列为 text_a 和 label
#axis：轴。值为 0 或 index，表示按行删除；值为 1 或 columns，表示按列删除
#how：筛选方式。any 表示该行 / 列只要有一个以上的空值，就删除该行 / 列；all 表示若该行
#/ 列全部都为空值，就删除该行 / 列
#inplace：若值为 True，则在原 DataFrame 上进行操作
```

```
df.dropna(subset = ['text_a','label'],axis = 0, how = 'any',inplace = True)
```

（2）再次检查是否存在缺失数据。

```
df.isnull().any()
```

输出结果如下。

```
label False
text_a False
dtype: bool
```

根据结果均为 False 可知，label 列和 text_a 列的数据中不存在缺失数据。完成上述步骤，便成功完成了对文本缺失数据的处理。

步骤 5：处理重复数据

接下来，进行重复数据的处理。考虑到 label 列的数字代表情感的分类，存在重复数据为正常情况，所以查找重复数据是在 text_a 列进行的，使用 duplicated() 函数查找重复数据。

```
df[df.duplicated('text_a')] # 在 text_a 列查找重复数据
```

输出结果如下。

	label	text_a
192	2.0	没有了，好伤心，我又想起来了我的前对象，呜呜呜
237	1.0	我也是，很高兴能和你交朋友
306	1.0	我真的不理你了了
319	1.0	我……瞎说？我确实不明白你的论点啊
...	...	...
1169	1.0	你不说我就一直求

结果显示共有 48 条重复数据，采用 drop_duplicates() 函数进行重复数据的删除。

```
#keep 表示对重复值的处理方式,可选值为 first、last、False。默认值为 first,即保留重复数据第一条。
# 若值为 last 则保留重复数据的最后一条,若值为 False 则删除全部重复数据
df.drop_duplicates(subset = 'text_a', keep = 'first',inplace = True)
```

再次检查是否存在重复数据。

```
df.duplicated('text_a').any()
```

输出结果如下。

```
False
```

根据结果为 False 可知数据中不存在重复数据。经过上述步骤，便可完成重复数据的处理。

步骤 6：处理异常数据

数据清洗的最后一步，是进行异常数据的处理。首先采用箱线图法进行异常数据的检测。

```
# 绘制箱线图（1.5 倍的四分位差）
plt.boxplot(x = df.label, # 指定用于绘制箱线图的数据
    whis = 1.5, # 指定 1.5 倍的四分位差
```

```
    widths = 0.7, # 指定箱线图的宽度为 0.7 磅
    patch_artist = True, # 指定箱体需要填充颜色
    showmeans = True, # 指定需要显示均值
    boxprops = {'facecolor':'steelblue'}, # 指定箱体的填充色为铁蓝色
    # 指定异常值点的填充色、边框色和大小
    flierprops = {'markerfacecolor':'red', 'markeredgecolor':'red', 'markersize':4},
    # 指定均值点的标记符号（菱形）、填充色和大小
    meanprops = {'marker':'D','markerfacecolor':'black', 'markersize':4},
    medianprops = {'linestyle':'--','color':'orange'}, # 指定中位数的标记符号（虚线）和颜色
    labels = [''] # 去除箱线图的 x 轴刻度值
    )
# 显示图形
plt.show()
```

输出结果如图 7-2 所示。

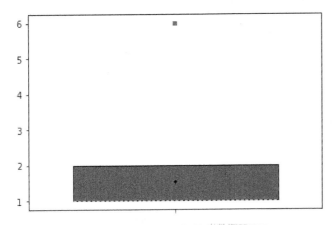

图 7-2　通过箱线图法检测异常数据的结果

从图 7-2 中可以看到，只存在 1 个异常值，为了确定具体的数值，可以通过以下代码进行处理。

```
# 计算下四分位数和上四分位数
Q1 = df.label.quantile(q = 0.25)
Q3 = df.label.quantile(q = 0.75)

# 基于 1.5 倍的四分位差计算上、下须对应的值
low_whisker = Q1 - 1.5*(Q3 - Q1)
up_whisker = Q3 + 1.5*(Q3 - Q1)

# 寻找异常值点
df2 = df.label[(df.label > up_whisker) | (df.label < low_whisker)]

# 统计异常值点
```

```
print(Counter(df2))
```

输出结果如下，可以看到利用箱线图法检测出的异常值为 6.0，且数据有 50 条。

```
Counter({6.0: 50})
```

检测出真实异常值以后，需对异常数据进行清洗。首先查找异常数据。

```
df[df['label'] == 6.0]
```

输出结果如下。

	label	text_a
52	6.0	是 是 是，很好听
39	6.0	可是 这家 很贵 我 买 不 起 了
125	6.0	这个 语音 识别 能力 能 在 提高 一点点 呢
...	...	...
1102	6.0	又 讨厌
1107	6.0	是 的 这个 名字 真 的 很好听
1185	6.0	我 从来 都 不 喜欢

查找出异常数据之后，使用 drop() 函数将其删除。

```
df.drop((df[df['label']==6.0]).index, inplace = True)
```

再次检查是否存在异常数据。

```
(df['label']==6.0).any()
```

输出结果如下。

```
False
```

根据结果为 False 可知数据中不存在异常数据。经过上述步骤，便可完成"对话情感倾向分析"数据集的清洗。

步骤 7：分析数据

接下来，把处理后的各类情感倾向的数据进行统计比较，首先查看此时的数据概况。

```
df.info()
```

输出结果如下。

```
<class 'pandas.core.frame.DataFrame'>
Int64Index: 1002 entries, 0 to 1199
Data columns (total 2 columns):
# Column Non-Null Count Dtype
--- ------ -------------- -----
0 label 1002 non-null float64
1 text_a 1002 non-null object
dtypes: float64(1), object(1)
memory usage: 23.5+ KB
```

清洗完毕后的数据由原来的 1200 条变成了 1002 条。可以使用 collections 库的 Counter() 函数统计每类情感标签出现的次数。

```
result = Counter(df['label'])
print(result)
```

输出结果如下，根据结果可知不同感情文本数据的数量。

```
Counter({1.0: 682, 2.0: 320})
```

步骤 8：可视化数据

最后，绘制饼状图来展示不同感情文本的占比。

```
# 设置中文显示
plt.rcParams['font.sans-serif'] = ['SimHei']
plt.rcParams['axes.unicode_minus'] = False
# 设置标签
labels = [' 消极 ',' 积极 ']
# 设置数值
sizes = [320,682]
# 绘制图像
fig, ax = plt.subplots()
ax.pie(sizes,labels = labels,autopct='%1.1f%%',shadow=False,startangle = 90)
# 设置图像标题
ax.set_title(' 各种情绪的比例 ')
# 展示图像
plt.show()
```

输出结果如图 7-3 所示。

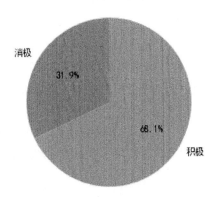

图 7-3　积极和消极文本的占比

从图 7-3 可以看出，"积极"情感倾向的文本在整个数据集中占比较大，占 68.1%，而"消极"情感倾向的文本占比较小，占 31.9%。

经过上述所有步骤，便可完成"对话情感倾向分析"数据集的清洗、分析以及可视化。

项目实施已经简单介绍了异常值的检测与处理，接下来会更加深入地讲解。

异常值是指在数据集中表现出不合理的特性，远离绝大多数样本点的"特殊群体"数据点。在建模的过程中若忽略异常值，则容易导致结论错误。因此在数据处理过程中，需要识别出这些异常值并对它们进行处理。异常值的识别可以使用图形法和建模法，图形法可分为箱线图法和正态分布图法；建模法则分为线性回归、聚类算法、k 近邻算法等。下面分别介绍正态分布图法和聚类算法。

7.5 正态分布图法

关于图形法，除了比较常用的箱线图法，还有其他方法，如正态分布图法。正态分布图法只适用于正态分布数据。根据正态分布的定义可知，数据点落在偏离均值正负 1 倍标准差，即落在 $-1\sigma \sim 1\sigma$ 的概率为 68.3%；数据点落在偏离均值正负 2 倍标准差，即落在 $-2\sigma \sim 2\sigma$ 的概率为 95.4%；数据点落在偏离均值正负 3 倍标准差，即落在 $-3\sigma \sim 3\sigma$ 的概率为 99.7%。

若一个数据点落在偏离均值正负 2 倍标准差之外，则属于小概率事件，称该数据点为异常值点。也就是说，当 $X > \overline{X} + 2\sigma$ 或者 $X < \overline{X} + 2\sigma$ 时，则称该数据点的值为异常值；当 $X > \overline{X} + 3\sigma$ 或者 $X < \overline{X} + 3\sigma$ 时，则称该数据点的值为极端异常值。其中，X 为某一数据点对应的值，$\overline{X}$ 为平均数，σ 为标准差。

7.6 聚类算法

实现基于聚类的异常检测时，将对数据进行聚类，正常的数据则归属于聚类，而异常数据则归属于小聚类或不属于任何聚类。可通过以下步骤来查找和可视化异常数据。

- 对正常数据和异常数据进行可视化处理。
- 通过异常值比例来计算得出异常值的数量。
- 设置判定异常值的阈值，通过阈值来判定数据是否为异常值。
- 通过计算聚类中心与每个数据点最近的距离来判定异常值，当距离最大时则被认为是异常值。
- 在标准正态分布的情况下，一般认定 3 倍标准差以外的数据为异常值。若设定一个异常值的比例为 1%，而 3 倍标准差以内的数据包含了数据集中超过 99% 的数据，则剩下的 1% 的数据均可视为异常值。

课后实训

（1）以下哪一项不是文本数据的应用？（ ）【单选题】
    A．机器翻译   B．文本识别   C．情感分析   D．轨迹跟踪

（2）利用 Matplotlib 绘制图像时，以下哪项的代码语句可用于定义 x 轴的名称？（　　）【单选题】

    A．ax.xlim()　　　　　B．ax.xticks()　　　　　C．ax.xlabel()　　　　　D．ax.set_title()

（3）以下哪个函数是用来判断缺失值的？（　　）【单选题】

    A．isnull()　　　　　B．duplicated()　　　　　C．head()　　　　　D．drop()

（4）大数据处理的核心数据类型是（　　）。【单选题】

    A．图像　　　　　B．语音　　　　　C．视频　　　　　D．文本

（5）以下哪个函数可用来查看表格的统计信息概况？（　　）【单选题】

    A．df.describe()　　　　　B．df.info()　　　　　C．df.drop()　　　　　D．df.loc()

第3篇
数据标注

通过对第2篇的学习，读者应该已经了解了用Python进行数据处理的优势、数据处理的常用步骤、数据处理的行业应用等内容，也应该掌握了图像数据处理、文本数据处理的具体方法，并能够基于业务需求进行数据处理。在人工智能项目开发中，数据处理完成后即可进行数据标注，因此本篇将重点介绍数据标注的类型和应用，以图像数据以及文本数据为例，并会介绍通过数据标注工具展开项目实训，对图像数据、文本数据进行标注。

项目 8
了解数据标注

08

人工智能在生产生活中的应用越来越广泛，其重要性也日益体现。如无人驾驶、语音助手及人脸识别等应用，都是人工智能成熟应用的体现，但在人工智能应用的背后，数据及数据标注"功不可没"。

项目目标

（1）熟悉数据标注的概念。
（2）熟悉数据标注的类型。
（3）了解数据标注的意义。
（4）了解数据标注在行业中的应用。

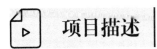

项目描述

数据标注对于人工智能的具体应用有着很重要的意义。本项目将介绍数据标注的概念、数据标注的类型与数据标注在行业中的应用，并通过项目实施介绍基于 EasyDL 平台利用"花卉识别"数据集进行数据标注，使读者了解数据标注对于人工智能的意义。

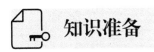

知识准备

8.1 数据标注的概念

数据标注是指使用工具，对未经处理的图像、文本、语音及其他原始数据进行加工处理，并将这些数据进一步转换为机器可识别的信息的过程。有学者曾表示，机器识别事物的过程主要是通过识别物体的一些特征进行的，而被识别的物体还需要经过数据标注处理，才能让机器知道这个物体是什么。

也可以这样理解，数据标注就是数据标注人员借助类似于 EasyData 等标注工具，对原始数据进行加工的一种行为。

8.2　数据标注的类型

数据标注分为 4 种基本类型，包括图像类数据标注、文本类数据标注、语音类数据标注及其他类数据标注。

图像类数据标注主要包括矩形拉框、多边形拉框、关键点标注等标注形式；文本类数据标注主要包括情感标注、实体标注等标注形式；语音类数据标注主要包括语音转写等标注形式；而其他类数据标注的形式则比较灵活与多变。项目 9 "图像数据标注"、项目 10 "文本数据标注"将对图像类数据标注和文本类数据标注进行详细介绍。

8.3　数据标注的意义

在科技不断发展的情况下，人工智能正逐步参与到更加广泛的领域。例如，人工智能在智能交通、智能语音等领域已经有了非常成熟的应用。随着人工智能的发展，我们对数据标注在数量和精度方面的要求都在不断提高。

当下的人工智能也被称为数据智能，因为目前实现人工智能需要的训练数据量是极大的。因此数据也被称作"人工智能的血液"。但对于深度学习来讲，光有数据是远远不够的，数据只有加上标签，才能用于机器的训练、学习和进化。所以，数据标注工作就变得十分重要，这也是数据标注员被称作"人工智能背后的人工"的原因。

8.4　数据标注在行业中的应用

了解完数据标注的概念及类型后，接下来介绍数据标注在各行业（如智能交通、智能语音、智能金融、智能家居和电子商务）中的具体应用。

8.4.1　智能交通

近年来，随着人工智能浪潮的兴起，无人驾驶、智能交通安全系统走进了人们的日常生活，我国许多公司纷纷加入自动驾驶和无人驾驶的研究行列。例如，由百度公司启动的"百度无人驾驶汽车"项目中，其自主研发的无人驾驶汽车 Apollo（阿波罗）计划在 2023 年组成一支有 3000 辆机器人出租车的车队，为 300 万用户提供服务。数据标注对于智能交通的发展起到了非常大的作用，具体工作包括采集行车视频并对路况信息进行提取，对包括红绿灯、停车点及车道线在内的所有涉及交通方面的事物进行标注，从而为行人识别、车辆识别、红绿灯识别、车道线识别等技术提供精确的训练数据，为实现智能交通"保驾护航"。道路标注示意如图 8-1 所示。

图 8-1　道路标注示意

8.4.2　智能语音

　　智能语音技术旨在解决人与机器的通信问题，涉及多学科的内容，其核心技术包括语音识别、声纹识别、语音合成和自然语言理解等。声音是人类信息沟通的重要渠道，随着技术的不断发展，近年来在深度神经网络的帮助下，智能语音机器的语音识别准确率甚至可以媲美人类，这意味着智能语音技术落地期的到来。

　　在智能语音技术中，会应用到数据标注的场景主要是语音采集、情感判断以及语音文字转化等。标注后的语音数据主要用于语音识别、语音合成等深度学习模型。常见的智能语音应用主要包括智能音箱、语音助手、手机语音输入法、语音搜索等。图 8-2 所示为智能语音技术在搜索中的应用。

图 8-2　智能语音搜索

8.4.3　智能金融

　　在金融领域，人工智能技术不仅可以应用在身份验证、智能投资咨询方面，还可以应用在风险管理、欺诈检测等方面。通过高质量的标注数据提高金融机构的执行效率与准确率，已经成为一大趋势。

　　例如，在金融机构内部流程优化及客户交互服务方面，人脸识别、活体检测等是比较典型的计算机视觉技术应用，如图 8-3 所示。人脸识别主要用到关键点、2D 框等标注类型，以满足技术的需要。由于人脸识别涉及人脸等敏感信息，这对数据标注服务供应商的数据安全控制能力提出了更高的要求。

图 8-3 智能金融示意

8.4.4 智能家居

智能家居在全球范围内都出现了强劲的发展势头，结合日趋成熟的物联网技术，将会有更大的发展空间。智能家居系统指的是通过一系列智能家居设备，提供全屋智能化家居的控制方案。如图 8-4 所示，智能家居的主要模块包括电器控制系统、智能背景音乐、智能灯光窗帘控制、家庭安防系统、可视对讲系统、运动与健康监测等。智能家居系统有利于提升家居的安全性、便利性及舒适性，有助于实现环保、节能的居住环境。

在智能家居方面，数据标注应用于人脸标记、家具标记、家居场景的语义分割以及唤醒词和语音的采集等。

图 8-4 智能家居示意

8.4.5 电子商务

在电子商务行业应用场景中，数据标注能够帮助商家深度挖掘数据集的特点，预测需求趋势，优化价格与库存，从而实现帮助商家精准营销的目标。

如图 8-5 所示，通过采集大量的用户搜索内容，并对这些内容进行数据标注，基于自然语言处理技术进行意图判断、纠错、情感判断等，可实现对用户需求的预测，从而协助电商平台完善用户搜索，提高搜索的匹配程度。用户需求的预测过程，核心在于对用户进行精准的标签化处理，进一步建立用户兴趣图谱与用户画像，并通过智能推荐系统，向用户推荐高度匹配其需求的产品，实现精准营销。

图 8-5 电商平台智能推荐系统

项目实施 | 标注"花卉识别"数据集

8.5 实施思路

基于项目描述和知识准备的学习，读者应该已经了解了数据标注的基本概念、类型，以及数据标注在各行业中的应用。接下来将介绍基于 EasyData 进行数据标注，本项目将使用"花卉识别"数据集进行图像分类标注，以帮助读者掌握批量导入标签的方法。具体实施步骤如下。

（1）创建数据集。

（2）导入原始数据。

（3）批量导入标签。

（4）图像数据标注。

8.6 实施步骤

步骤 1：创建数据集

在进行图像数据清洗之前，需要先获取数据集，并在 EasyData 平台上创建数据集来存放图像数据，具体可以通过以下步骤实现。

（1）本项目的数据集可于人工智能交互式在线实训及算法校验系统中本项目对应的实验环境中下载，数据集文件名称为"花卉识别数据集 .zip"。进入实验环境中的 data 文件夹，勾选对应的数据集文件的复选框并单击"Download"按钮即可下载该数据集至本地。

（2）本项目的数据集共包含 10 类花卉图像，每类有 10 个图像，共有 100 个图像。图 8-6 所示为数据集中所包含的 10 类花卉图像。

铃兰　　毛茛　　番红花　　风铃草　　向日葵

黄水仙　　雪滴花　　平贝母花　　白色银莲花　　紫色银莲花

图 8-6　数据集所含花卉图像

（3）登录人工智能交互式在线实训及算法校验系统，进入本项目的实验环境，如图 8-7 所示。单击"控制台"中"AI 平台实验"的百度 EasyData 的"启动"按钮，进入 EasyData 平台。单击"立即使用"按钮，进入登录界面后，输入账号和密码。

（4）进入平台控制台后，在左侧的导航栏中单击"我的数据总览"标签页。接着单击"创建数据集"按钮，进入信息填写界面。

（5）在"数据集名称"一栏输入"花卉识别"，在"数据类型"一栏选择"图片"选项，在"标注类型"一栏选择"图像分类"选项，在"标注模板"一栏选择"单图单标签"选项，如图 8-8 所示。信息填写完成后，单击"完成"按钮即可创建数据集。

图 8-7　人工智能交互式在线实训及算法校验系统界面

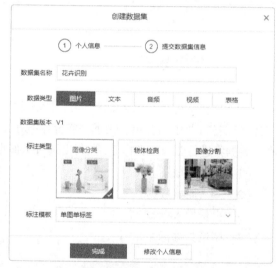

图 8-8　创建"花卉识别"数据集

（6）数据集创建完成后，即可在数据总览界面查看数据集详情。从图 8-9 可知，数据集的标注状态为"0%（0/0）"，这表示数据集中还未导入数据，数据量为 0。

图 8-9　查看数据集详情

步骤 2：导入原始数据

接下来需要在数据集中导入原始数据，便于后续进行图像数据标注，具体操作可通过以下步骤实现。

（1）在数据总览界面中，单击"花卉识别"数据集右侧"操作"栏下的"导入"，如图 8-10 所示，进入数据导入界面。

图 8-10　单击"导入"

（2）在"导入数据"的"数据标注状态"一栏选择"无标注信息"选项，在"导入方式"一栏选择"本地导入"选项，此处共支持 3 种方式：上传图片、上传压缩包以及 API 导入，如图 8-11 所示。其中，API 导入暂不学习。以下简单介绍另外两种方式的相关内容。

① 上传图片
- 图片格式为 JPG/PNG/BMP/JPEG，图片大小限制在 4MB 内，单次上传数量限制 100 个文件。
- 图片长宽比在 3:1 以内，其中最长边需要小于 4096 像素，最短边需要大于 30 像素。
- 图片数据集大小限制为 10 万张图片，如果需要提高数据额度，可在平台提交工单。

② 上传压缩包
- 压缩包仅支持 ZIP 格式，大小限制在 5GB 以内。
- 压缩包内图片格式的要求与"上传图片"方式中的要求一致。
- 压缩包文件格式如图 8-12 所示。

图 8-11　查看导入方式

图 8-12　压缩包文件格式

（3）因为本项目的图片数据量不超过 100，所以建议以"上传图片"的方式导入数据。单击"上传图片"按钮，选择所有图片数据并上传。待上传完成后，单击"确认并返回"按钮，即可导入数据，如图 8-13 所示。

（4）单击"确认并返回"按钮之后会回退到数据总览界面，此时可以看到该数据集的最近导入状态为"正在导入 ..."，进度为 1%，如图 8-14 所示。待最近导入状态更新为"已完成"时，表示数据已导入完成。

图 8-13　上传图片

图 8-14　查看导入状态

（5）数据导入完成后，单击数据集右侧"操作"栏下的"查看与标注"，即可查看数据集，如图 8-15 所示。

图 8-15　查看"花卉识别"数据集

步骤 3：批量导入标签

数据导入完成后，即可添加图像标签，进行数据标注。但是由于数据集标签类别较多，因此可通过 EasyData 的标签组管理功能进行更加快速、便捷的操作。标签组管理功能适用于标签数量较多的情况，支持批量添加、修改、删除标签。具体步骤如下。

（1）单击"标签组管理"标签页，如图 8-16 所示，接着单击"创建标签组"按钮，进入信息填写界面。

（2）如图 8-17 所示，在"标签组名称"一栏输入"花卉识别"，"标签组描述"一栏为非必填项，可以不填。信息填写完成后，单击"确认"按钮即可创建标签组。

图 8-16　单击"标签组管理"标签页

图 8-17　创建"花卉识别"标签组

（3）创建标签组完成后，单击标签组右侧"操作"栏下的"标签管理"，如图 8-18 所示，进入相应界面。

（4）在标签组右侧操作栏单击"批量添加"按钮，在"是否清空标签"一栏选择"是"选项，如图 8-19 所示。选择"是"选项表示平台会将标签组中已有的标签清空，并且上传新的标签。

图 8-18　单击"标签管理"

图 8-19　设置清空标签

（5）准备批量导入标签的文件，文件中需包含铃兰、毛茛、番红花、风铃草、向日葵、黄水仙、雪滴花、平贝母花、白色银莲花、紫色银莲花共 10 个标签。关于批量导入标签的文件的具体要求如下。

① 支持扩展名为 .csv、.xls、.txt 的文件。

② 不同标签换行分隔，首行将作为表头被过滤。

（6）文件准备好后，回到 EasyData 平台，单击"上传文件"按钮，选择对应的文件并上传文件，上传完成后，单击"确定"按钮即可导入标签，如图 8-20 所示。

图 8-20　导入标签

（7）标签导入完成后，即可在"标签管理"标签页下查看标签，如图 8-21 所示。若需要修改或删除标签，则可以单击对应标签右侧"操作"栏下的"编辑"或"删除"。可通过勾选左侧的复选框来对所选定的标签进行批量修改、批量删除操作。

图 8-21　查看标签

步骤 4：图像数据标注

标签导入完成后，即可通过以下步骤进行图像数据标注。

（1）单击左侧导航栏"我的数据总览"标签页，接着单击"花卉识别"数据集右侧"操作"栏下的"查看与标注"，进入界面。

（2）进入"个人在线标注"界面后，右侧为标签栏，目前暂无可用标签；左侧为待标注的图像数据。单击"添加标签"按钮旁的下拉按钮，再单击"添加标签组"选项，如图 8-22 所示。

（3）接着选择"花卉识别（10）"选项，如图 8-23 所示，其中"10"表示该标签组中含有 10 个标签。单击"确定"按钮，即可添加标签。

图 8-22　单击"添加标签组"选项

图 8-23　选择"花卉识别（10）"选项

（4）如图 8-24 所示，单击界面右上方的"批量标注"按钮，进入批量标注界面。

图 8-24　单击"批量标注"按钮

（5）勾选属于同一个标签的图像数据对应的复选框，在右侧的标签栏下选择对应的标签，即可完成批量标注。标注完成后，在图像数据下方会显示其对应的标签，如图 8-25 所示。若发现勾选错误，可单击界面上的"取消选择"按钮，重新勾选所需图像。

图 8-25　显示标签

（6）完成所有数据的标注，以掌握图像分类的标注方法。标注完成后的标签名及对应数据量如图 8-26 所示。

图 8-26　标注完成界面

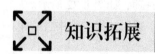 知识拓展

8.7　数据标注的难题

随着人工智能的兴起，以机器学习、深度学习为代表的人工智能研究领域对数据标注的需求

日益高涨，数据标注的重要性也在不断凸显。数据标注的准确性在很大程度上决定了人工智能算法的有效性，但是，目前数据标注质量参差不齐的问题依旧很突出。

现阶段的数据标注工作主要还是依靠人来完成的，但是当标注人员面对百万级别的标注数据量，或是复杂的标注任务时，容易产生极大的心理压力，而造成标注质量不合格。另外由于数据标注任务本身重复性高、标注时间紧张以及缺少严格的质量审核流程，会导致标注不完备、不及时，造成合格率低的问题。

这些问题会影响分析结果的准确性，也会阻碍人工智能的发展。因此，数据标注工作的开展，不仅需要有系统的方法、技术和工具，还需要有质量保障体系。

8.8　数据标注的角色

为了更好地完成数据标注任务，并确保质量，在传统的人工数据标注过程中，一般涉及3类角色，分别为标注员、审核员和管理员。

标注员一般是由拥有专业知识且经过培训的相关人员担任，负责基本的数据标注工作。审核员则负责审核已经标注完成的数据，并完成数据的统计和校对工作，适时修改标注中的错误并补充遗漏的标注，往往由经验丰富的标注员担任此角色。管理员负责管理相关人员，并负责分配和回收标注任务，以保证标注工作的顺利开展。标注过程中的各个角色会相互制约、各尽其职，每个角色负责的工作都是数据标注工作中必不可少的一部分。

不过，数据标注工具、数据标注质量审核标准、数据安全性和隐私性等方面还需不断完善，以满足人工智能应用的需求。

课后实训

（1）常见的数据标注类型有以下哪些？（　　　）【多选题】

　　A．图像类数据标注　　　　　　　　　B．文本类数据标注

　　C．语音类数据标注　　　　　　　　　D．其他类数据标注

（2）数据标注是数据标注人员借助标注工具，对原始数据进行（　　　）的一种行为。【单选题】

　　A．处理　　　　　　B．加工　　　　　　C．监督　　　　　　D．写入

（3）在EasyData平台中导入图像数据时，其支持哪些类型的数据？（　　　）【多选题】

　　A．JPG　　　　　　B．PNG　　　　　　C．BMP　　　　　　D．JPEG

（4）EasyData平台支持通过设置不同颜色对各个标签进行区分。（　　　）【判断题】

（5）在科技不断发展的情况下，人工智能正逐步参与到更加广泛的领域。例如在智能交通、智能语音等领域已经有了非常成熟的应用。随着人工智能的发展，数据标注在（　　　）和精度方面的要求都在不断提高。【单选题】

　　A．下发　　　　　　B．采集　　　　　　C．数量　　　　　　D．传输

项目 9

图像数据标注

09

随着社会的发展，计算机视觉领域的相关技术也在不断进步，人们对计算机视觉技术的要求也越来越高，如追求识别结果更加精准、识别速度更快。若图像数据标注得越好，质量越高，那么这些数据使用起来则会大大提高计算机识别的准确率。

项目目标

（1）了解常见的图像数据标注工具。
（2）了解常用的数据标注数据集。
（3）熟悉图像数据标注的质量标准。
（4）了解图像数据标注的应用领域。
（5）能够利用数据标注工具对图像进行标注。

 项目描述

本项目将对常见的图像数据标注工具和数据集进行简单的介绍，使读者熟悉图像数据标注的质量标准，并了解图像数据标注的常用领域以进一步认识数据标注。本项目最后会通过 EasyData 平台对"垃圾分类"数据集进行标注，帮助读者掌握图像数据标注的流程。

 知识准备

9.1 常见的图像数据标注工具

"工欲善其事，必先利其器"，合适的图像数据标注工具能够帮助数据标注人员更好地进行图像数据标注。以下为一些常见的图像数据标注工具。

1. EasyData

EasyData 是百度公司提供的一种优秀的数据处理工具，门槛低并且易于使用。EasyData 支持对图像、文本、音频和视频等多种类型的数据进行标注。在图像方面，它支持图像分类、物体检测、语义分割 3 类数据标注。

2. LabelImg

LabelImg 是一种可视化的图像数据标注工具，主要用于物体检测。LabelImg 通过 Python 编写而成，并配置有图形化界面。LabelImg 支持两种标注格式，即 VOC 格式和 YOLO 格式。若使用 VOC 格式进行标注，标注信息则存储于 XML 文件中；若使用 YOLO 格式进行标注，标注信息则存储于 TXT 文件中。

3. LabelMe

LabelMe 是一种在线图像数据标注工具，主要用于物体检测和语义分割。LabelMe 支持将数据导出为 VOC 格式与 COCO 格式。另外，LabelMe 支持通过矩形框、多边形、圆、线、点等组件进行图像数据标注，同时也支持视频数据标注。

4. CVAT

CVAT 是一种支持图像与视频数据标注的计算机视觉标注工具，它支持图像分类、物体检测、语义分割、实例分割 4 类数据标注。

5. VoTT

VoTT 是微软公司发布的视觉数据标注工具。它支持图像与视频数据标注，同时支持导出用于 CNTK、TensorFlow 和 YOLO 等进行训练的标注数据。

在计算机视觉领域除了以上 5 种图像数据标注工具外，还有许多优秀的开源数据标注工具，包括 IAT、Yolo_mark、PixelAnnotationTool 等。本项目将通过百度公司的 EasyData 完成各项标注任务。

9.2 常用的数据标注数据集

了解完常见的图像数据标注工具后，接下来介绍 3 个比较常用的图像数据标注数据集，分别是 ImageNet、PASCAL VOC 和 MS COCO。

1. ImageNet

ImageNet 是计算机视觉领域的一个识别项目，是目前较大的图像识别数据库，使用起来非常方便。ImageNet 包含超过 1400 万个图像，2 万多个类别。在至少一百万个图像中还提供了边界框。另外，ImageNet 在计算机视觉领域研究中也应用得非常广。

2. PASCAL VOC

PASCAL VOC（The PASCAL Visual Object Classes）是一个世界级的计算机视觉挑战赛，第一届比赛在 2005 年举办，随后一年举办一次，2012 年最后一次举办。PASCAL VOC 数据集诞生于该比赛，是物体检测任务常用的一个数据集。大多数研究者普遍使用的是 PASCAL VOC 2007 和 PASCAL VOC 2012 这两个数据集，它们二者是互斥的，不相容的。PASCAL VOC 2012 数据集包含了 20 类物体，共有 27450 个物体检测标签和 6929 个分割标签。

3. MS COCO

MS COCO 数据集是微软公司构建的一个数据集，其主要任务包括物体检测、语义分割、实例分割等。MS COCO 数据集总共包含 91 个类别，与 PASCAL VOC 数据集相比，MS COCO 数据集中包含自然图像以及生活中常见的目标图像，背景比较复杂，目标数量比较多，目标尺寸更小，因此使用 MS COCO 数据集完成一些任务更加困难。

9.3 图像数据标注质量标准

图像数据标注的质量是由标注的像素点决定的，标注物的像素点越接近被标注物体边缘的像素点，标注的质量就越高。由于图像的质量参差不齐，部分图像存在噪声，标注物的边缘可能存在一定数量与被标注的实际物体边缘像素点灰度相似的像素点，这部分像素点就会对图像数据标注产生干扰，影响标注质量。因此，对于图像数据标注需要注意以下 3 点。

（1）矩形框标注：需要先对被标注物最边缘的像素点进行判断，然后检验矩形框四周像素点是否与标注物最边缘像素点误差在 1 像素以内。

（2）区域标注：即给图像的某一区域添加标注，需要对每一个被标注物边缘像素点进行检验，检验区域标注像素点与被标注物边缘像素点的误差是否在 1 像素以内。由于容易在转折拐角产生标注误差，因此进行区域标注时需特别注意检验转折拐角。

（3）其他图像数据标注：需要结合实际的算法确定标注优劣的检验标准，对图像数据标注进行检验的人员一定要理解算法的标注要求。

实际上并不是所有的标注都要求达到 100% 的准确度，应根据不同的应用场景确定相应的标注准确度，按照实际的标注要求进行标注。

9.4 图像数据标注的应用领域

图像数据标注在日常生活中是非常常见的，下面将具体介绍 3 个经典的应用领域，自动驾驶领域、工业质检领域和智能安防领域。

9.4.1 自动驾驶领域

科技的发展可以提高人们的生活质量，从自动驾驶概念的提出，到百度公司无人驾驶出租车服务在北京开放测试，无人驾驶技术逐步走向成熟。接下来将简单对自动驾驶领域中的图像数据标注进行介绍。

1. 信号灯标注

信号灯标注指的是对交通信号灯进行标注，使得车辆能够自主通过识别信号灯来按照交通规则行驶。信号灯标注任务可以分解为分类标注、区域标注和语义标注。通过分类标注可以识别出信号灯是红灯、绿灯或是黄灯；通过区域标注可以识别出信号灯的位置；通过语义标注可以获取行动指令。图9-1所示为信号灯标注示例。

图9-1 信号灯标注示例

2. 车辆标注

车辆标注是通过矩形框标注，将车辆标注出来，以便自动驾驶车辆识别其他车辆。通过对车辆进行标注并将相关数据用于训练模型，可以使自动驾驶车辆识别出车辆的位置，从而实现自动避让、减速等驾驶操作。图9-2所示为车辆标注示例。

图9-2 车辆标注示例

3. 道路线标注

道路线标注是通过多边形标注将道路线标注出来以便于自动驾驶车辆识别车道。通过对地面车道线进行标注并将相关数据用于训练模型，能够有效地帮助车辆识别车道及判断下一步的动作。图9-3所示便是道路线标注的一个示例，通过对道路线的识别，自动驾驶车辆就可以做出相应的判断。

图9-3 道路线标注示例

9.4.2 工业质检领域

随着现代化工业生产水平的提高和当今社会对产品质量要求的提高，自动化和智能化生产已经成为必然的发展趋势，计算机视觉技术也成为许多自动化生产系统的前提与保障，其在工业质检领域中发挥着重要作用。在工业质检中，主要涉及的图像数据标注为表面缺陷标注。

通过表面缺陷标注，可以对产品的表面缺陷进行检测、分类，提高工业检测的检测速率、准确率以及智能自动化程度。例如，在制造和组装键盘的流水线中，通过缺陷标注、训练质检模型可使得模型能够自动识别键盘组装后的漏装、错装、正常 3 类情况。在制造喷油器阀座的生产线中，通过缺陷标注、训练质检模型，可对喷油器阀座的黑点（black）、瑕疵（defect）、划痕（scratch）等相关问题进行检测，如图 9-4 所示。

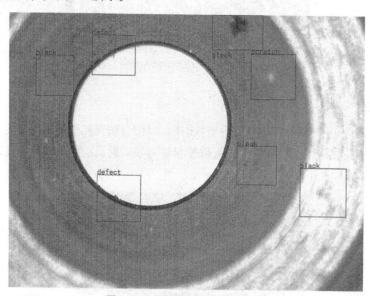

图 9-4　喷油器阀座缺陷标注示例

9.4.3 智能安防领域

智能安防系统不仅可以实时监测发生的各种状况，还可以对监测内容进行提取、分析，通过分析监控摄像头拍摄到的关键信息，如车牌、人脸和动作等，进行风险把控，从而起到防患于未然的作用。以下将简单对智能安防领域中的图像数据标注进行介绍。

1. 人脸标注

人脸标注是基于人脸的特征进行身份识别和信息提取的一类生物识别技术，主要是对人脸轮廓的关键点进行标注。人脸标注在智能安防领域有着独特优势，如人脸数据比较容易获取，人脸标注更加直接、便捷；对识别者不具侵犯性，使用者无任何心理障碍等。目前随着人脸识别技术的不断发展与成熟，该技术在智能安防和建设平安城市方面有着重要的应用价值。

2. 人体标注

人体标注是通过矩形框对人进行标注，主要应用于人数的统计。一般在超市、工厂等人员容易聚集的场所，当需要通过统计进出的人员数量来判断该场所所能容纳的人数是否饱和时，应用该技术可以有效地防范因为人员过于密集而带来的危险。图 9-5 所示为人体标注示例。

图 9-5　人体标注示例

![项目实施图标] **项目实施 | 标注"垃圾分类"数据集**

9.5　实施思路

基于项目描述与知识准备内容的学习，读者应该已经了解了图像数据标注的常见应用领域和常用的数据标注格式，以及常见的图像数据标注工具，熟悉了图像数据标注的质量标准。接下来将通过本项目来介绍图像数据标注的方法。

本项目将使用"垃圾分类"数据集作为标注对象，该数据集中总共有 1500 多个图像，每一个图像仅存在一种垃圾。接下来将通过下述步骤，尝试在 EasyData 平台上采用多边形标注的方式对"垃圾分类"数据集进行标注。具体步骤如下。

（1）获取"垃圾分类"数据集。

（2）创建"垃圾分类"数据集。

（3）导入原始数据。

（4）添加图像标签。

（5）标注图像数据。

9.6　实施步骤

步骤 1：获取"垃圾分类"数据集

本项目的数据集可于人工智能交互式在线实训及算法校验系统中下载，数据集文件名称为"ACV001_rubbish_classify3_processed.zip"。进入实验环境中的 data 文件夹，勾选对应的数据集文件的复选框并单击"Download"按钮即可下载该数据集至本地，如图 9-6 所示。

图 9-6 下载"垃圾分类"数据集

步骤 2：创建"垃圾分类"数据集

完成"垃圾分类"数据集的下载后，接下来可以通过以下步骤创建"垃圾分类"数据集。

（1）登录人工智能交互式在线实训及算法校验系统，进入本项目的实验环境。单击"控制台"中"AI实验平台"的百度 EasyData 的"启动"按钮，进入 EasyData 平台。单击"立即使用"按钮进入登录界面，输入账号和密码。

（2）进入 EasyData 数据服务控制台后，单击界面中的"创建数据集"按钮。在打开的创建数据集界面中输入数据集名称"垃圾分类"，在"数据类型"一栏选择"图片"，在"标注类型"一栏选择"图像分割"，单击"完成"按钮，如图 9-7 所示。

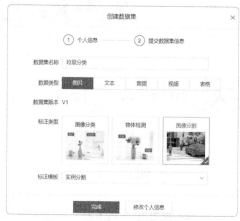

图 9-7 创建"垃圾分类"数据集

步骤 3：导入原始数据

接着进行原始数据的导入，单击左侧导航栏的"我的数据总览"标签页，找到"垃圾分类"数据集。如图 9-8 所示，单击该数据集右侧"操作"栏下的"导入"。在"数据标注状态"一栏选择"无标注信息"选项，在"导入方式"一栏选择"本地导入—上传压缩包"选项，如图 9-9 所示。添加完压缩包后单击"确认并返回"按钮，完成数据集的导入。

注意，上传的压缩包只支持 ZIP 格式，不支持 RAR 等压缩格式。

图 9-8 导入原始数据

图 9-9 导入选项选择

人工智能应用实战

步骤4：添加图像标签

完成数据的导入后，接下来要进行图像标签的添加，具体步骤如下。

（1）找到"垃圾分类"数据集，单击其右侧"操作"栏下的"查看与标注"，进入个人在线标注界面，如图9-10所示。

图9-10　个人在线标注界面

（2）单击标签栏右侧的"添加标签"按钮，输入第一个标签"glass"。此处默认标注框为蓝色。单击"确定"按钮进行保存，如图9-11所示。

（3）重复进行两次添加标签的操作，继续添加标签"paper"和"plastic"，并选择应用不同的颜色区分，如图9-12所示。

图9-11　添加图像标签"glass"

图9-12　添加图像标签"paper"和"plastic"

步骤5：标注图像数据

接着按照以下步骤进行图像数据的标注。

（1）单击数据集中的图像，单击"查看大图"按钮，如图9-13所示。

（2）打开图像后，单击"去标注"按钮，如图9-14所示。

图9-13　单击"查看大图"按钮

图9-14　单击"去标注"按钮

（3）如图 9-15 所示，单击左侧工具栏中的"多边形"按钮，并进行图像数据标注。

（4）如图 9-16 所示，采用多边形工具标出目标物体后，选中右侧标签中对应的标签进行标注。

图 9-15 单击"多边形"
按钮

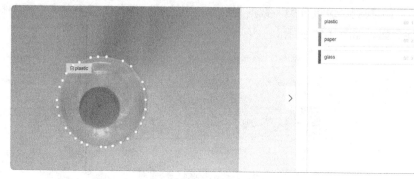

图 9-16 进行标注

（5）按照上述步骤，分别对 3 类垃圾中的 20 个图像进行标注，以掌握图像数据标注的方法。

知识拓展

在 9.4.3 小节中，已经讲解了人脸标注是通过关键点检测进行标注的。接下来简单介绍人脸关键点检测是什么及其应用场景。

人脸关键点检测是指给定人脸图像，根据人脸图像的特征，将人脸的关键区域（眉毛、眼睛和鼻子等）标注上特征点。标注的过程可能会受到人物姿态和物体遮挡等因素的影响。人脸关键点检测也是一个具有挑战性的任务。

人脸关键点是人脸各个部位的重要特征点，通常是轮廓点与角点。图 9-17 所示为使用 OpenCV 库和 dlib 库对一个正脸图像的关键点进行标注的结果。dlib 库是一个 C++ 工具库，包含机器学习算法、图像处理、网络及一些工具类库，其在工业界、学术界都被广泛使用。

图 9-17 关键点标注

图 9-17 中，点代表标注的位置。当然，人脸关键点检测除了在智能安防领域的应用，还可以有以下应用。

（1）人脸美颜与编辑。该应用主要基于关键点标注技术，可以精准地分析面部、眼睛和鼻子的轮廓，从而对人脸的特定区域进行修饰。该应用可以实现特效美颜、贴片等娱乐功能，也能用于提高一些其他有关人脸识别的算法的精度。

（2）人脸表情分析。基于关键点标注技术对面部表情进行特征提取，得到的信息可应用到行为分析、交互娱乐等场景。

课后实训

（1）以下不属于常见的图像数据标注数据集的是（　　　）。【单选题】

　　A. PASCAL VOC　　　　　　　　　　B. MS COCO

　　C. EasyData　　　　　　　　　　　　D. ImageNet

（2）以下工具中不能用于进行图像数据标注的是（　　　）。【单选题】

　　A. Visual Studio Code　　　　　　　　B. LabelMe

　　C. LabelImg　　　　　　　　　　　　D. EasyData

（3）以下说法正确的是（　　　）。【单选题】

　　A. 对于矩形框标注，需要先对标注物最边缘的像素点进行判断，然后检验矩形框四周像素点是否与标注物最边缘像素点误差在 10 像素以内

　　B. 进行区域标注时需要特别注意检验转折拐角

　　C. 对图像进行标注时，无须根据应用场景确定相应的标注要求

　　D. 机器学习算法识别的准确率与标注的质量无关

（4）以下说法正确的是（　　　）。【单选题】

　　A. ImageNet 数据集是目标检测常用的数据集，其提供的数据集包含约 20 类物体的数据

　　B. PASCAL VOC 数据集与 MS COCO 数据集相比，目标尺寸更小，使用它完成某些任务的难度更大

　　C. 对于图像数据标注，需要结合实际的算法确定标注优劣的检验标准，质量检验人员要理解算法的标注要求

　　D. 车辆标注不是自动驾驶领域中图像数据标注的常见标注方式

（5）以下属于图像数据标注的常用领域的有（　　　）。【多选题】

　　A. 自动驾驶领域　　　　B. 智能安防领域　　　　C. 智慧医疗领域　　　　D. 推荐系统

项目10
文本数据标注

10

文本数据标注是常见的数据标注类型之一，文本数据标注是指对文字、符号等文本数据进行标注。使用已标注的文本数据训练计算机模型，可使计算机模型读懂并且识别对应文本，从而能达到使计算机与人"对话"的目的，最后应用于实际生活。

项目目标

（1）了解常见的文本数据标注的分类。
（2）能够利用数据标注工具对文本数据进行标注。

项目描述

本项目将介绍 3 种常见的文本数据标注，并会通过 EasyData 平台对"微博文本情感分类"数据集进行标注，使读者掌握利用数据标注工具对文本数据进行标注的方法。

知识准备

常见的文本数据标注主要有文本实体标注、文本情感分类标注和文本相似度标注 3 种。接下来将简单介绍这 3 种文本数据标注。

10.1 文本实体标注

文本实体标注就是指对自然语言文本中的实体进行标注，定位出某些预定义实体的字符串。预定义的实体一般包括人名、地名、日期、时间、数量、名称等。

如"李华在上海吃了小笼包"经文本实体标注后的效果如图10-1所示。

李华 人　在　上海 地点　吃了　小笼包 食物　。

图10-1　文本实体标注示例

10.2　文本情感分类标注

文本情感分类标注就是将带有情感色彩的文本划分为不同的类别，然后为文本进行相应的标注。具体的分类标签需要根据实际需求确定，一般文本情感分类标签可分为两类，分别是"积极"和"消极"。图10-2为文本情感分类标注示例。

> 标签：积极
>
> 上海的小笼包真好吃！

图10-2　文本情感分类标注示例

10.3　文本相似度标注

文本相似度标注指的是对两份文本通过标注"词向量"等方法进行标注；词向量就是使用一串数值来描述一个词的方法。建立深度学习模型后实现包括对词语、句子、段落等文本的相似度的分析。通过词向量技术，可以将词转化成稠密向量，并且相似的词对应的词向量也相似。根据词向量即可计算两个词之间的相似度，图10-3所示为文本相似度标注示例。

图10-3　文本相似度标注示例

⚒ 项目实施 ｜ 标注"微博文本情感分类"数据集

10.4　实施思路

项目描述与知识准备中介绍了文本数据标注的定义及文本数据标注的分类。接下来将通过以下步骤尝试在 EasyData 平台上对"微博文本情感分类"数据集进行标注，使读者掌握文本数据标注的方法。具体步骤如下。

（1）获取"微博文本情感分类"数据集。

（2）创建"微博文本情感分类"数据集。

（3）导入原始数据。

（4）添加文本标签。

（5）标注文本数据。

10.5 实施步骤

步骤 1：获取"微博文本情感分类"数据集

本项目所采用的数据集为"微博文本情感分类"数据集，该数据集共有 26462 条微博语料，这些语料大致可分为 8 类，分别为 none、like、disgust、happiness、sadness、anger、surprise、fear。

该数据集可于人工智能交互式在线实训及算法校验系统中本项目对应的实验环境中下载，数据集文件名称为"moods8processed.xlsx"。进入实验环境中的 data 文件夹，勾选对应的数据集文件的复选框并单击"Download"按钮即可下载该数据集至本地。

步骤 2：创建"微博文本情感分类"数据集

接着可以通过以下步骤创建"微博文本情感分类"数据集。

（1）登录人工智能交互式在线实训及算法校验系统，进入本项目的实验环境，单击"控制台"中"AI 平台实验"的百度 EasyData 的"启动"按钮，进入 EasyData 平台。单击"立即使用"按钮进入登录界面，输入账号和密码。

（2）进入 EasyData 数据服务控制台后，单击界面中的"创建数据集"按钮。如图 10-4 所示，在创建数据集界面输入数据集名称"微博文本情感分类"，在"数据类型"一栏选择"文本"选项，在"标注类型"一栏选择"文本分类"选项，单击"完成"按钮。

图 10-4　创建"微博文本情感分类"数据集

步骤 3：导入原始数据

数据集创建完成后，则可以进行数据导入。找到"微博文本情感分类"数据集，单击其右侧"操作"栏下的"导入"，在"导入方式"一栏选择"本地导入—上传 Excel 文件"选项，找到下载到本地的"moods8processed.xlsx"数据集，添加该文件并上传。如图 10-5 所示，上传完成后单击"确认并返回"按钮，完成数据集的导入。

注意，所上传的 Excel 文件需要满足以下 3 点要求。

- 使用第一列作为待标注文本，每行是一组样本，首行为表头（默认将被忽略），每组数据文本内容不超过 1024 个字符（包括中英文字符、数字、符号等），超出部分将被截断。
- 文件类型支持 XLSX 格式，单次上传限制 100 个文件。
- 所上传的 Excel 文件的格式如图 10-6 所示。

图 10-5　导入原始数据

图 10-6　所上传的 Excel 文件的格式

步骤 4：添加文本标签

接下来可以通过以下 3 个步骤添加文本标签。

（1）单击左侧导航栏的"我的数据总览"标签页，找到"微博文本情感分类"数据集，单击其右侧"操作"栏下的"查看与标注"，进入个人在线标注界面。

（2）如图 10-7 所示，单击右侧的"添加标签"按钮，输入"none"，单击"确定"按钮，完成第一个标签的添加。

（3）重复添加标签的操作，如图 10-8 所示，继续添加其余 7 个标签，分别是 like、sadness、happiness、anger、disgust、surprise、fear。

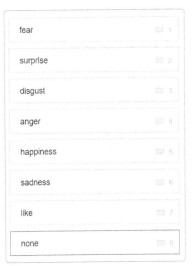

图 10-8　添加其他标签

图 10-7　添加标签 none

步骤5：标注文本数据

最后可以通过以下步骤完成全部文本数据的标注。

（1）如图10-9所示，根据文本内容进行判断，选择唯一对应的标签进行文本数据标注。

图10-9　标注文本数据

（2）按照上述步骤继续对50个文本数据进行标注。

知识拓展

项目实施中采用的数据集是"微博文本情感分类"数据集，该数据集仅有26462条微博语料。为了得到更好的模型效果，也可以采用其他数据量更大的公开数据集来进行模型训练。接下来介绍一些其他可用于情感分析的文本数据集。

1. Yelp

Yelp数据集包含12个城市区域的470万条用户评论，超过15万条商户信息，20万张图片。此外，它还涵盖110万用户的100万条提示，超过120万条商家属性，如营业时间、是否有停车场、是否可预订和环境情况等方面的信息。

2. IMDb

IMDb数据集包含5万多条电影信息，共有11列数据，字段包含电影id、电影名称、IMDb上电影的评分、评分人数、上映时间、导演、主演、制片国家、影片简介等信息。

3. Multi-Domain Sentiment

Multi-Domain Sentiment数据集包含某些电商平台上用户对多个品类商品的评分和评论数据，其中评论分为正面评论和负面评论。

4. Sentiment140

Sentiment140数据集包含160万条从某社交平台上爬取到的推文，其中推文被分为3类：负面推文、中立推文及正面推文。

课后实训

（1）以下属于常见的文本数据标注的是（　　）。【单选题】

A. 视频分类标注　　　　　　　　　　B. 文本情感分类标注

C. 图像分割标注　　　　　　　　　D. 物体检测标注

（2）以下属于常见的文本标注数据集的是（　　　）。【单选题】

A. Yelp　　　　　B. MS COCO　　　　C. PASCAL VOC　　　D. ImageNet

（3）以下数据标注类型中能够对自然语言文本中的实体进行标注，定位出某些预定义实体的字符串的是（　　　）。【单选题】

A. 文本实体标注　　　　　　　　　B. 文本情感分类标注
C. 文本相似度标注　　　　　　　　D. 文本个数标注

（4）以下数据标注类型中能够对两份文本通过标注"词向量"等方法进行标注的是（　　　）。【单选题】

A. 文本实体标注　　　　　　　　　B. 文本情感分类标注
C. 文本相似度标注　　　　　　　　D. 图像分类标注

（5）以下数据标注类型中能够将带有情感色彩的文本划分为不同的类别的是（　　　）。【单选题】

A. 文本实体标注　　　　　　　　　B. 图像分割标注
C. 文本相似度标注　　　　　　　　D. 文本情感分类标注

第4篇
深度学习应用实战

通过前面3篇的学习，我们已经了解了数据采集的行业应用，以及在网络侧和端侧的数据采集方法，还了解了数据处理和数据标注在图像数据以及文本数据上的应用。本篇将基于前面所学习的知识，讲解如何开展深度学习全流程应用实战，包括视觉类的"垃圾分类"实战项目和自然语言处理类的"情感分析"实战项目，从而使读者掌握基于业务场景的数据采集、数据处理方面的内容，并且能够熟练使用相关的人工智能平台。

项目11
深度学习图像分类应用实战

11

在我国的垃圾分类工作中，到 2020 年年底已有 46 个重点城市基本建成垃圾分类处理系统。但是，严格的分类标准和条例却让部分居民难以适应，由于垃圾分类的处理较为复杂，于是出现了"垃圾分类难"的问题。在这种情况下，科技为解决传统垃圾分类难题提供了新思路。

项目目标

（1）了解智能垃圾分类的行业背景。
（2）熟悉智能垃圾分类的流程。
（3）能够基于垃圾分类场景完成数据采集、数据处理及数据标注。
（4）能够使用深度学习模型定制平台EasyDL训练智能垃圾分类模型。

项目描述

近年来，随着《生活垃圾分类制度实施方案》《"无废城市"建设试点工作方案》的逐步落实，我国垃圾分类事业步入"快车道"。在这个阶段，利用自主研发、自主生产的智能设备进行垃圾回收的公司日渐增多，推动文明培育、文明实践，文明创建。

在本项目中，主要以垃圾分类为例进行讲解，使读者了解图像分类开发流程，并且掌握基于垃圾分类场景的数据处理、数据标注及模型训练步骤。

知识准备

11.1 智能垃圾分类的行业背景

垃圾分类（Garbage Classification），一般是指按相关标准将垃圾分类存储、投放和运输，从而将垃圾转化成公共资源的一系列活动的总称。分类的目标是提高垃圾的资源价值和经济价值，减少垃圾处理量和处理设备的使用，以达到降低处理成本和减少土地资源消耗的目的。

垃圾分类回收是开展环保工作的重要任务之一。尽最大可能实现垃圾分类、回收、利用，既能够减少垃圾填埋的用地压力，也能够利用回收垃圾提炼新的"城市矿产"。但打造一套成熟的垃圾分类体系并非易事，在很多国家和地区都需要几十年不断投入、建设才能实现。其中的难点一方面体现在物质层面，垃圾分类、运输、回收的相关设备相对不足；另一方面则体现在精神层面，要使公众的意识实现从"要我分类"到"我要分类"的转变，需要长时间的教育推动。

对于这两方面的难题，在科技进步的大背景下有了新的解决方案。智能垃圾分类系统的出现，大大加快了垃圾分类智能化建设的速度。智能垃圾分类设备是在传统分类垃圾箱的基础上进行技术应用升级的成果。利用人工智能、物联网、大数据等技术形成的"互联网＋"智能垃圾分类终端，可实现居民分类垃圾的投放、储存和搬运协同化功能。

智能垃圾分类系统主要分为智能垃圾分类亭、智能垃圾分类房与智能垃圾分类箱 3 种，并具备多种投放识别方式，如人脸识别、语音识别以及手机二维码授权认证等方式，适合各个年龄段的居民使用。居民通过智能垃圾分类系统投放垃圾可获得相应积分，积分可用于兑换相应的生活物品或现金，此激励模式可培养居民进行垃圾分类的习惯，并能提高居民分类投放垃圾的积极性与主动性。

11.2　智能垃圾分类的流程

如何更高效、准确地进行垃圾分类管理，最大限度地利用垃圾资源，减少垃圾处理量，从而实现环境保护、提高环境质量，是当前社会倍受关注和急需解决的问题。接下来将介绍基于 EasyDL 平台的智能垃圾分类项目的实现流程。

智能垃圾分类项目可以通过图像分类等人工智能技术，高效、准确地将垃圾分类到正确的类别中。智能垃圾分类项目的基本开发流程主要包括数据采集、数据处理、数据标注和模型训练 4 个步骤，其中关于图像类的数据采集及数据处理已在项目 1～项目 6 中介绍，其方法都是通用的，因此不赘述。接下来将详细介绍智能垃圾分类项目的数据标注和模型训练。

11.2.1　数据标注

机器识别事物的过程主要是通过识别物体的一些特征进行的，而被识别的物体还需要经过数据标注处理，才能让机器知道这个物体是什么。由此可见数据标注对于人工智能的具体应用有着重大意义。数据标注是指对未经处理的初级数据进行加工处理，并将其转换为机器可识别的信息的过程。"工欲善其事，必先利其器"，合适的图像数据标注工具能够帮助开发者更好地进行图像数据标注。本项目主要介绍基于 EasyDL 进行垃圾图像语义分割数据标注，以标记出图像中垃圾的位置和轮廓。以下简单介绍本项目中需要使用的 EasyDL 平台中的与图像语义分割数据标注相关的功能。

1. 在线标注

EasyDL 平台支持通过"多边形""圆形""直线""画笔""橡皮擦"等多种标注工具进行数据标注。

具体的操作方法是：在标注框上方找到工具栏，选择标注工具，在垃圾图像中拖动画框，圈出要识别的目标；然后在右侧的标签栏中新建标签，或者选择已有标签进行标注。

2. 智能标注

使用智能标注功能可降低数据标注成本。通常情况下，只需标注垃圾图像数据集 30% 左右的数据即可训练模型。采用该方法的模型效果与标注所有数据后再训练的模型效果几乎相同。

启动智能标注前，需要先检查数据集是否已满足以下条件。

- 所有需要识别的标签都已创建，且每个标签的标注框不少于 10 个。
- 所有需要标注的图像都已加入数据集，且所有不相关的图像都已删除。

智能标注有两种任务类型，分别是"主动学习"类型和"指定模型"类型。

（1）"主动学习"类型

针对"主动学习"的任务类型，由于系统筛选图像需要一定的时间，该功能在未标注图像多于 100 张，且每个标签的标注框都达到 10 个时方可启动，"主动学习"类型的智能标注流程如图 11-1 所示。

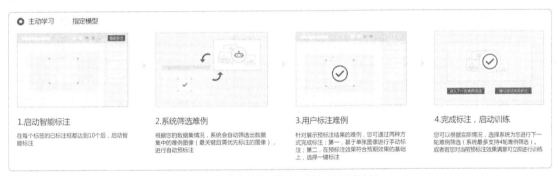

图 11-1 "主动学习"类型的智能标注流程

（2）"指定模型"类型

针对"指定模型"的任务类型，该功能在未标注图像多于 0 张时方可启动，"指定模型"类型的智能标注流程如图 11-2 所示。

图 11-2 "指定模型"类型的智能标注流程

3. 数据质检

数据质检功能旨在对数据集中的图像数据进行质量检验。数据质检功能可以提供客观指标，能为垃圾图像数据集的下一步处理操作（标注、清洗等）提供参照指标。整体质检报告包括对原图、标注信息两个层面的指标进行统计的信息。

11.2.2 模型训练

垃圾图像数据准备并标注完成后，即可进行垃圾分类模型的构建与训练，接着可评估模型效果，最后可将模型部署至实际垃圾分类场景中进行应用。

1. 模型训练

此步骤可通过 EasyDL 平台进行，所有与模型训练相关的操作都可以在网页上进行，无须编程也可以部署定制的 AI 模型，可大幅减少线下搭建训练环境、自主编写算法代码的相关成本。EasyDL 平台会提供大量免费的 GPU（Graphics Processing Unit，图形处理单元）训练资源，用于模型迭代和效果验证，可有效降低项目开发和测试的成本。

2. 效果评估

EasyDL 平台支持通过模型评估报告或者模型在线校验功能，来了解模型的训练效果。模型评估报告主要分为整体评估和详细评估。

在整体评估部分可以看到模型训练的整体情况说明，包括基本结论、mAP（mean Average Precision，平均精度），即各类别 AP 的均值、精确率和召回率。这部分模型效果的指标是基于训练数据集，随机抽出部分数据不参与训练，仅参与模型效果评估计算得来的。所以当数据量较少（如图像少于 100 张）时，参与评估的数据可能不超过 30 个，这样得出的模型评估报告效果仅供参考，无法完全准确地体现模型效果。

查看模型评估结果时，需要思考在实际垃圾分类的场景中，是希望减少误识别，还是更希望减少漏识别。前者需要关注精确率指标，后者则更需要关注召回率指标。根据 F1-score 可以有效关注精确率和召回率的平衡情况，对于希望精确率与召回率兼具的场景，F1-score 的值越接近 1 效果越好。

在详细评估部分可以看到不同阈值下的 F1-score，以及模型识别错误的图像示例。可以通过分类标签查看模型识别错误的图像，寻找其中的共性，进而有针对性地扩充训练数据。

模型识别错误的结果有以下两种。
- 误识别：图中没有目标物体，即准备训练数据时未标注，但模型识别到了目标物体。
- 漏识别：图中应该有目标物体，即准备训练数据时已标注，但模型未能识别出目标物体。

3. 模型部署

训练完成后，可通过 EasyDL 将垃圾分类模型部署在公有云、本地服务器、通用小型设备上，该模型可灵活适配各种使用场景及运行环境。

（1）公有云部署

可将训练完的垃圾分类模型存储在云端。可通过独立 REST（Representational State Transfer，描述性状态迁移）API 调用该模型，以实现 AI 能力与业务系统或硬件设备的整合。

（2）本地服务器部署

可将训练完的垃圾分类模型部署在私有 CPU/GPU 服务器上，本地服务器部署支持服务器

API 和服务器 SDK（Software Development Kit，软件开发工具包）两种集成方式。

（3）通用小型设备部署

可将训练完的垃圾分类模型打包成适配智能硬件的 SDK，可用于进行设备端离线计算，能满足推理阶段数据敏感性要求和更快的响应速度要求。

11.3　智能垃圾分类的应用

通过 EasyDL 训练出的垃圾分类模型，可以应用在现实生活中。

某企业在使用 EasyDL 平台后，将常见的饮料垃圾图像与该平台相"结合"，不到半天时间便训练出识别准确率高达 99% 的垃圾分类模型，初步实现了 7 种常见垃圾分类的功能。该企业将模型集成到自主研发并生产的智能垃圾箱中，其作为我国首批支持自动分类的智能垃圾箱，成功落地在北京市海淀公园内。图 11-3 所示为某企业结合 EasyDL 打造的智能垃圾箱。

图 11-3　结合 EasyDL 打造的智能垃圾箱

该智能垃圾箱主要由智能识别系统、分离系统及垃圾存储箱组成，它可通过装载的摄像头判断垃圾是否可回收。智能识别系统在识别垃圾后，会将垃圾分为两类，一类是可回收垃圾，主要包括易拉罐、饮料瓶、矿泉水瓶等；另一类是不可回收垃圾，主要包括布料类、木质类和厨余类垃圾等。

智能垃圾箱具体的操作流程如下。

第一步：当用户靠近智能垃圾箱时，设备通过红外传感器检测到有人靠近后进行语音提示，引导用户将垃圾放置于摄像头识别区域。

第二步：识别系统调用 EasyDL 接口对垃圾图像进行判断，识别结果会在大屏显示，显示垃圾是否可回收，并会打开对应箱体的挡板。

第三步：在语音提示下，挡板打开，完成垃圾自动投递、分类操作，系统显示"回收成功"。

11.4　实施思路

　　基于项目描述与知识准备的内容，读者应该已经了解了智能垃圾分类项目的基本开发流程。现在回归 EasyDL 平台，尝试开发"垃圾分类"项目，使读者掌握图像类人工智能项目的开发流程。以下是本项目实施的步骤。

　　（1）准备数据。

　　（2）处理数据。

　　（3）标注数据。

　　（4）训练模型。

11.5　实施步骤

步骤 1：准备数据

　　本项目的数据可以通过人工智能交互式在线实训及算法校验系统进行采集，具体可以通过以下代码采集玻璃、纸和塑料 3 类垃圾图像。

```
# 导入项目所需库
import requests
import json
import os
import re
from data import request_url

# 获取网页内容
headers = {'Connection': 'close'}
url, base_url = request_url.urls()
response = requests.get(url, headers=headers)

# 解析网页内容，提取文本中的 JSON 部分
pattern = "JSON.parse\(\'(.*)\'\)\)}\,\"7b0b6\"" # 用于提取 JSON 部分的正则表达式
data = re.search(pattern, response.text) # 利用 re.search() 找出匹配的内容
data_dict = json.loads(data.group(1)) # 将提取的内容转换为 JSON 格式
data_dict.keys() # 查看数据集中有几种类型

# 保存网页数据集
```

```
def down_img(name):
    data=data_dict[name]
    if os.path.exists("./rubbish/"+name):
        pass
    else:
        os.makedirs("./rubbish/"+name) # 创建图像存放路径
    for index,each in enumerate(data):
        if index > 144:
            break
        else:
            url=base_url + each['src'] # 每张图像对应的 URL
            img=requests.get(url).content # 获取图像的二进制文本
            filename="./rubbish/"+name+"/"+str(index)+".jpg"
            with open(filename,'wb') as f: # 将图像保存到本地
                f.write(img)
down_img('glass')
down_img('paper')
down_img('plastic')
```

执行完代码后可以到目录 ./rubbish 中查看网络数据采集的结果。

步骤 2：处理数据

接下来需要通过以下步骤对采集到的数据集进行数据清洗、数据分析，并将数据可视化。

（1）通过以下代码进行数据清洗。

```
# 导入项目所需库
#NumPy 用于读取图像维度信息
import numpy as np
#os 用于进行目录操作
import os
#OpenCV 用于读取图像
import cv2
#shutil 用于移动筛选、分离出的文件
import shutil
#Matplotlib 用于显示图像
import matplotlib.pyplot as plt

# 创建目录存放需清洗的数据
os.mkdir('./format')
os.mkdir('./gray')
os.mkdir('./shape')
```

```
# 创建目录存放清洗后的数据
os.mkdir('./processed_data')
dst_data=('./processed_data') # 设立为目标文件目录


# 读取相应路径下所有文件的列表
glass_path = os.listdir('./rubbish/glass') # 玻璃类数据路径
paper_path = os.listdir('./rubbish/paper') # 纸类数据路径
plastic_path = os.listdir('./rubbish/plastic') # 塑料类数据路径


# 统计每一类的数据量
files_glass = os.listdir('./rubbish/glass')
files_paper = os.listdir('./rubbish/paper')
files_plastic = os.listdir('./rubbish/plastic')
print('glass : ',len(files_glass))
print('paper : ',len(files_paper))
print('plastic : ',len(files_plastic))


# 对 glass 类别的数据进行数据处理
# 处理非图像格式的文件
dst_format = ('./format/') # 设置筛选后文件的目标路径
for files in glass_path:
    filename1 = os.path.splitext(files)[1] # 读取文件扩展名
    filename0 = os.path.splitext(files)[0] # 读取文件名
    # 筛选扩展名非 .jpg、.png 以及 .bmp 格式的文件
    if filename1 != '.jpg' and filename1 != '.png' and filename1 != '.bmp':
        print(filename0,filename1,'is a improper format')
        src_format = os.path.join('./rubbish/glass/', files)
        # 将分离出的非规定格式的文件移动到 format 目录中
        shutil.move(src_format,dst_format)


# 处理非彩色图像文件
for files in glass_path:
    # 读取文件并将其拼接到路径中
    filename = os.path.join('./rubbish/glass/',files)
    # 读取 glass 目录下的图像文件，注意：flag 需要设置为 -1，这样才能保证图像的通道是原通道
    img = cv2.imread(filename, -1)
    dim = img.ndim # 读取 img 的维度
    if dim == 2: # 若维度为二维，则为单通道灰度图
        print(files, "is a gray image")
        src_gray = os.path.join('./rubbish/glass/', files)
        # 将分离出的灰度图移动到 gray 目录中
        shutil.move(src_gray,dst_gray)
```

```python
# 检验图像尺寸
dst_shape = ('./shape/')
h,w,c = img.shape
if h != 384 and w!= 512:
    print(files,'is not the right size')
    src_shape = os.path.join('./rubbish/glass/', files)
    shutil.move(src_shape,dst_shape)
else:
    print('All images are of the same size')


# 将清洗后的文件转移到 processed_data 目录中
src_data1 = ('./rubbish/glass')
shutil.move(src_data1,dst_data)

#paper 类别的数据清洗
for files in paper_path:
    filename1 = os.path.splitext(files)[1]
    filename0 = os.path.splitext(files)[0]
    filename = os.path.join('./rubbish/paper/',files)
    img = cv2.imread(filename, -1)

    if filename1 != '.jpg' and filename1 != '.png' and filename1 != '.bmp':
        print(filename0,filename1,'is a improper format')
        src_format = os.path.join('./rubbish/paper/', files)
        shutil.move(src_format,dst_format)

    if img.ndim == 2:
        print(files, "is a gray image")
        src_gray = os.path.join('./rubbish/paper/', files)
        shutil.move(src_gray,dst_gray)

dst_shape = ('./shape/')
h,w,c = img.shape
if h != 384 and w!= 512 and c!=3:
    print(files,'is not the right size')
    src_shape = os.path.join('.rubbish/paper/', files)
    shutil.move(src_shape,dst_shape)
else:
    print('All images are of the same size')
```

```
src_data2 = ('./rubbish/paper')
shutil.move(src_data2,dst_data)

#plastic 类别的数据清洗
for files in plastic_path:
    filename1 = os.path.splitext(files)[1]
    filename0 = os.path.splitext(files)[0]
    filename = os.path.join('./rubbish/plastic/',files)
    img = cv2.imread(filename, -1)

    if filename1 != '.jpg' and filename1 != '.png' and filename1 != '.bmp':
        print(filename0,filename1,'is a improper format')
        src_format = os.path.join('./rubbish/plastic/', files)
        shutil.move(src_format,dst_format)

    if img.ndim == 2:
        print(files, "is a gray image")
        src_gray = os.path.join('./rubbish/plastic/', files)
        shutil.move(src_gray,dst_gray)

dst_shape = ('./shape/')
h,w,c = img.shape
if h != 384 and w!= 512 and c!=3:
    print(files,'is not the right size')
    src_shape = os.path.join('.rubbish/plastic/', files)
    shutil.move(src_shape,dst_shape)
else:
    print('All images are of the same size')

src_data3 = ('./data/plastic')
shutil.move(src_data3,dst_data)
```

（2）通过以下代码进行数据分析。

```
# 查看数据清洗后每类垃圾图像数据的数量
files_glass = os.listdir('./processed_data/glass')
files_paper = os.listdir('./processed_data/paper')
files_plastic = os.listdir('./processed_data/plastic')
print('glass : ',len(files_glass))
print('paper : ',len(files_paper))
print('plastic : ',len(files_plastic))
```

输出结果如图 11-4 所示，可以看到每类垃圾图像数据均有 144 个文件。

120

人工智能应用实战

```
glass:    144
paper:    144
plastic:  144
```

图 11-4　数据清洗后每类垃圾图像数据的数量

（3）通过以下代码进行数据可视化。

```
# 读取并显示部分数据图像
import matplotlib.pyplot as plt
img = plt.imread('./processed_data/plastic (100).jpg')
plt.imshow(img)
plt.axis('off') # 不显示刻度
plt.show()


# 设置中文显示
plt.rcParams['font.sans-serif'] = ['SimHei']
plt.rcParams['axes.unicode_minus'] = False


# 绘制条形图
labels = ['glass','paper','plastic']
height = [144,144,144]

fig, ax = plt.subplots()

ax.bar(labels, height, width = 0.4, color = ['r','g','b'])
ax.set_title(' 各类数据的数量 ')
ax.set_ylabel(' 数量（单位：张）')


plt.show()
```

输出结果如图 11-5 所示，经过所有的数据处理操作，可以得知本项目的"垃圾分类"数据集中的每类数据不存在 GIF 图像与灰度图，图像尺寸大小统一。清洗完成后的各类数据均有 144 个文件，全部为 JPG 格式的图像。

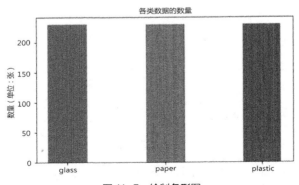

图 11-5　绘制条形图

步骤 3：标注数据

数据处理完成后，即可通过以下步骤进行数据标注。

（1）鉴于采集到的数据量较少，为了改善模型的训练效果，本次用于模型训练和模型校验的数据集已经准备好，其中玻璃类数据量为 501，纸类数据量为 594，塑料类数据量为 482。该数据集保存于人工智能交互式在线实训及算法校验系统中本项目对应的实验环境中，如图 11-6 所示，数据集文件名称为"ACV001_rubbish_classify3__processed.zip"，进入实验环境中的 data 文件夹，勾选对应的数据集文件的复选框并单击"Download"按钮即可下载该数据集至本地。

（2）登录人工智能交互式在线实训及算法校验系统，进入本项目的实验环境。单击"控制台"中"AI 平台实验"的百度 EasyDL 的"启动"按钮，进入 EasyDL 平台。单击"立即使用"按钮，会弹出图 11-7 所示的"选择模型类型"对话框，在该对话框中选择"图像分割"选项，进入登录界面，输入账号和密码。

图 11-6　下载"垃圾分类"数据集

图 11-7　"选择模型类型"对话框

（3）进入图 11-8 所示的图像分割模型管理界面后，在左侧的导航栏中单击"我的模型"标签页，接着单击"创建模型"按钮，进入信息填写界面。

图 11-8　单击"我的模型"标签页

（4）如图 11-9 所示，在"模型名称"一栏输入"垃圾分类"，在"模型归属"一栏选择"个人"选项，并输入个人的邮箱地址和联系方式，在"功能描述"一栏输入该模型的作用，该栏需要输入多于 10 个字符但不能超过 500 个字符的内容。

图 11-9　创建模型界面

（5）信息填写完成后，单击"下一步"按钮即可成功创建模型。在左侧导航栏的"我的模型"标签页中即可看到所创建的模型，如图 11-10 所示。

图 11-10　所创建的模型的列表

（6）模型创建完成后，接着需要创建数据集并导入数据。单击左侧导航栏的"数据总览"标签页，如图 11-11 所示。接着单击"创建数据集"按钮，进入创建数据集信息填写界面。

（7）按照提示填写信息，在"数据集名称"一栏输入"垃圾分类"，其他均保持默认设置，信息填写完成后单击"完成"按钮，如图 11-12 所示。

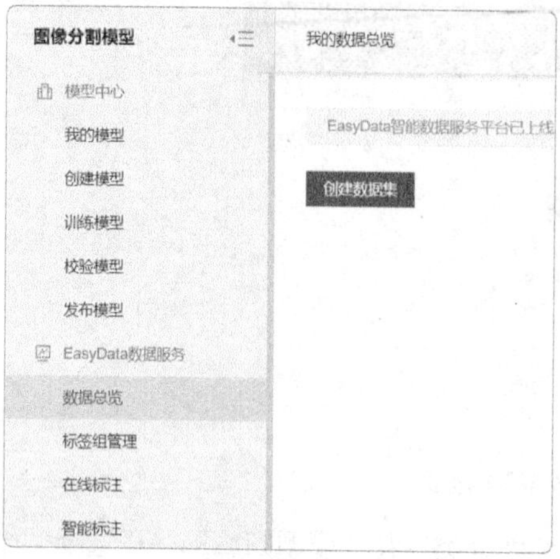

图 11-11 单击"数据总览"标签页

图 11-12 创建数据集

（8）数据集创建成功后，在界面中将出现该模型的数据集信息，包括版本、数据量、标注类型、标注状态、清洗状态等信息。单击该数据集右侧"操作"栏下的"导入"，如图 11-13 所示，可进入数据导入界面。

图 11-13 单击"导入"

（9）如图 11-14 所示，在界面中可以看到该数据集的相关信息，包括版本号、数据总量、标签个数等，这里可以看到该数据集中的数据总量为 0。在"导入数据"的"数据标注状态"一栏选择"无标注信息"选项，在"导入方式"一栏选择"本地导入"选项，此处共支持 3 种方式，为上传图片、上传压缩包以及 API 导入。其中，API 导入暂不学习。

图 11-14 "无标注信息"数据的本地导入方式

（10）由于数据量超过100，因此这里选择"上传压缩包"，如图11-15所示。同时，为了后面进行智能标注时分类标签不混淆，此处建议按照分类创建3个版本的数据集，在训练模型时，分别勾选这3个数据集下的分类标签对应的复选框即可。

（11）将下载到本地的数据集解压，将其中一类，如glass文件夹中的图片全选，并将它们压缩到一个ZIP格式的压缩包中。同样地，将其余两类也分别压缩为两个压缩包，如图11-16所示。注意，不能直接压缩文件夹，否则将导致数据无法导入。

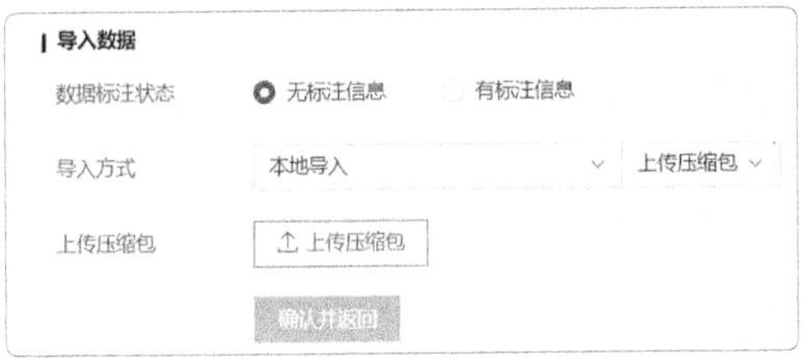

图11-15　选择"上传压缩包" 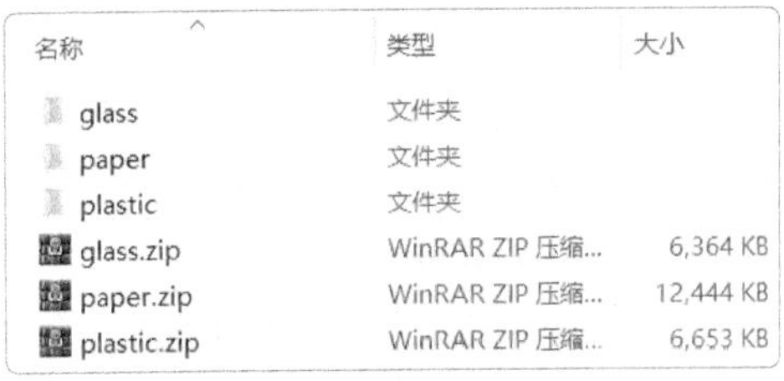　　　　　　　　图11-16　压缩图片文件

（12）回到EasyDL平台的数据导入界面，单击"上传压缩包"按钮，再单击"已阅读并上传"按钮，如图11-17所示。

图11-17　单击"已阅读并上传"按钮

（13）选择压缩包glass.zip进行上传，文件上传过程中，须保持网络稳定，不可关闭网页。约1分钟后上传完成。如图11-18所示，上传完成后界面中会显示"已上传1个文件"，单击"确认并返回"按钮。

（14）单击"确认并返回"按钮后会回退到数据总览界面，此时可以看到该数据集的最近导入状态为"正在导入..."，如图11-19所示。

图 11-18 文件上传完成界面

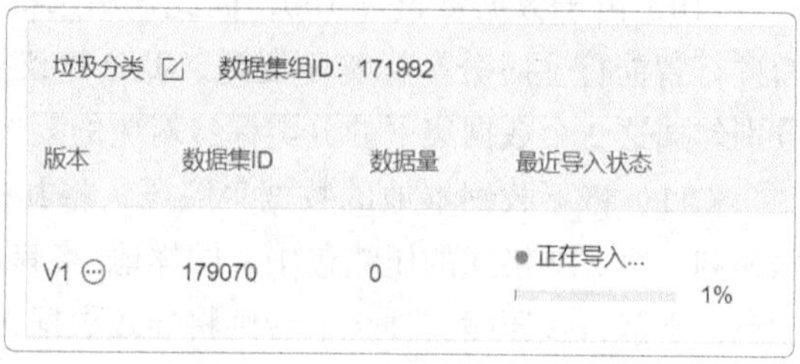

图 11-19 数据集正在导入

（15）大约1分钟后，刷新页面，查看是否导入完成。数据集导入完成后，可以看到最近导入状态已更新为"已完成"，如图 11-20 所示。

（16）为了避免混淆各类数据集，可以单击该版本数据集后面的 ⊙，单击"备注"旁的编辑图标 ，然后输入该数据集的数据类别，即 glass，如图 11-21 所示。

图 11-20 数据集导入已完成

图 11-21 添加备注

（17）单击该数据集右上方的"新增版本"按钮，如图 11-22 所示，创建另外两个分类的数据集。

（18）按照图 11-23 填写信息，其中数据集版本为系统默认生成，无须修改；在"备注信息"一栏可以备注本次版本主要做的修改，如添加数据、更换标注方式等，此处可以输入"paper"，以记录该版本的数据类别；将"继承历史版本"一栏设置为"OFF"，该功能开启后，会支持在选择的历史版本的基础上对数据做进一步修改，因本版本用于保存其他类别的数据，所以无须开启该功能。信息填写完成后，单击"完成"按钮即可创建 V2 版本的数据集。

图 11-22 单击"新增版本"按钮

图 11-23 创建 V2 版本的数据集

（19）接着，按照上述步骤，通过"上传压缩包"的方式，选择"paper.zip"文件并上传，为V2 版本的数据集导入对应的数据。同样地，新建 V3 版本的数据集，导入"plastic"类别的数据。3 类数据都导入完成后，单击"垃圾分类"数据集右侧的"全部版本"，即可查看所有版本的信息，如图 11-24 所示。

垃圾分类 ☑	数据集组ID: 171992				
版本	数据集ID	数据量	最近导入状态	标注类型	标注状态
V3 ⊙	179087	482	● 已完成	图像分割	0% (0/482)
V2 ⊙	179086	594	● 已完成	图像分割	0% (0/594)
V1 ⊙	179070	501	● 已完成	图像分割	0% (0/501)

图 11-24　数据集全部版本列表

（20）单击其中一个版本的数据集右侧"操作"栏下的"…"，再单击"质检报告"，如图 11-25 所示，即可查看数据质检报告。

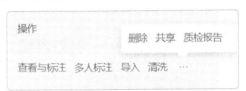

操作	
	删除　共享　质检报告
查看与标注　多人标注　导入　清洗　…	

图 11-25　单击"质检报告"

（21）在数据质检报告中，可以查看整体指标和分布指标，如图 11-26 所示。根据数据质检报告，可以进一步了解数据的情况，并可按照业务需求对数据进行进一步处理。

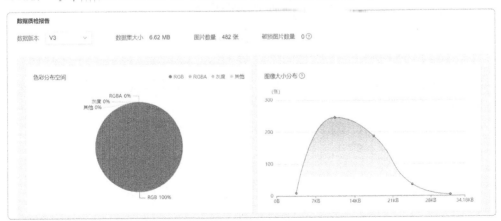

图 11-26　数据质检报告

（22）数据准备好后，需分别对这 3 类数据进行标注。为了提高标注效率，可以使用智能标注功能。要使用智能标注功能，需要先通过"在线标注"的方式为每一类数据标注 10 个数据。单击左侧导航栏的"在线标注"标签页，如图 11-27 所示，进入"在线标注"界面。

（23）如图 11-28 所示，选择对应的数据集和版本进行标注，此处可以先选择 V1 版本。

图 11-27 单击"在线标注"标签页

图 11-28 选择数据集和版本

（24）标注界面如图 11-29 所示，界面左侧是标注工具栏，可以选择"多边形""圆形""直线""画笔""橡皮擦"等多种标注工具来进行数据标注。这里可以根据个人习惯选择，建议选择"多边形"标注工具来进行标注。界面中间是标注区域，右侧是标签栏。

图 11-29 标注界面

（25）单击标签栏右侧的"添加标签"按钮，输入标签名，即 glass，单击"确定"按钮即可创建标签，如图 11-30 所示。

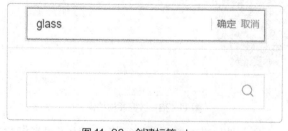

图 11-30 创建标签 glass

（26）单击标注界面左侧的"多边形"工具，沿着图片中的目标描边，框出目标，如图 11-31所示。

图 11-31　使用标注工具进行标注

（27）单击标注界面右侧的标签名，或者按"1"键，即可进行标注。此时要注意需单击"保存当前标注"按钮或者按"S"键保存标注信息，如图 11-32 所示。

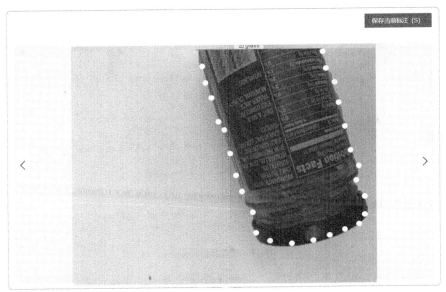

图 11-32　保存标注信息

（28）单击标注界面中的左右箭头，可以切换图片。按照同样的方式，对每类数据都标注 10 张或 10 张以上的图片。标注完成后，在图 11-33 所示的界面上方可以看到"有标注信息"一栏的数据量，单击该界面右上角的"开启智能标注"按钮，进入相应界面。

图 11-33　单击"开启智能标注"按钮

（29）在"任务类型"一栏选择"主动学习"，选择对应的数据集和版本后单击"提交"按钮，如图 11-34 所示。

图 11-34　提交智能标注任务

（30）提交任务后，会跳转至智能标注功能启动界面，如图 11-35 所示。切勿离开该界面，否则该功能会启动失败。

（31）等待 1 分钟左右，平台会跳转至"在线标注"标签页，并提示"智能标注已启动"，表示智能标注已经成功启动，如图 11-36 所示。

图 11-35　智能标注功能启动界面

图 11-36　提示"智能标注已启动"

（32）在图 11-37 所示的界面中间，可以看到当前智能标注所处的阶段，目前平台正在进行难例标注。

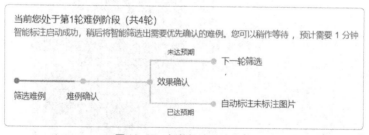

图 11-37　智能标注所处阶段

（33）在等待期间，可以离开该界面，回到在线标注界面，为另一类数据进行标注，并按照同样的操作启动智能标注。目前每个账号同一时间仅支持对一个数据集启动智能标注，同一个数据集则支持 2 项智能标注任务同时进行。单击导航栏的"智能标注"标签页，即可查看智能标注任务的详细信息。从图 11-38 可以看到 V1 版本的难例已经标注好了，单击"操作"栏下的"确认难例"按钮，进入界面。

图 11-38　单击"确认难例"按钮

（34）如图 11-39 所示，进入界面后，在界面上方可以看到"待确认标注"的数据量为 49。这是平台预标注的效果，可以看到虽然没有标注完全，但是基本上已经将目标全部标注出来了。在图片右侧的"标注结果"下还可以看到对应的标签名。

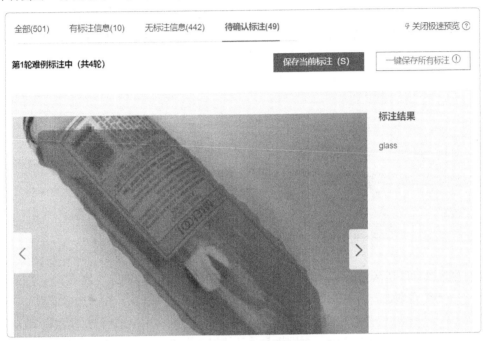

图 11-39　预标注的效果

（35）接下来需要对这些"待确认标注"下的所有预标注结果进行确认，待所有难例均变为已标注状态，才可进入下一阶段。在确认过程中，每一张图片都需要查看并保存。若出现标注错误的情况，可以进行修改再保存。若需要提高效率，可以单击"一键保存所有标注"按钮，能自动保存所有预标注的结果，如图 11-40 所示。

图 11-40　确认难例

（36）如图 11-41 所示，难例确认完后，平台会提示"该轮难例的预标注结果已全部完成确认"，并会提示智能标注可以进入下一阶段。若难例的标注效果符合预期，则单击"自动标注未标注图片"按钮。

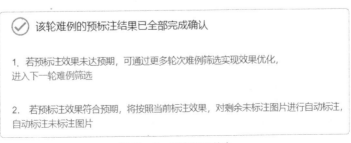

图 11-41　平台提示信息

（37）大约1分钟后，平台就会完成智能标注，并会自动跳转至"在线标注"标签页，显示"智能标注已完成"。在图11-42所示的界面上方可以看到"无标注信息"的数据量为7。智能标注功能一般无法一次性完成所有数据的标注，当未标注的数据量较少时，可以手动标注；当未标注的数据量较多时，则可以进行多次智能标注。下面以创建智能标注为例，说明创建第二次智能标注任务的方法。单击图11-42所示界面右上角的"开启智能标注"按钮，进入创建标注任务界面。

图11-42　创建第二次智能标注任务

（38）如图11-43所示，在"任务类型"一栏，我们若对之前的难例标注效果满意，则选择"指定模型"，若不满意则选择"主动学习"，此处选择"指定模型"选项。在"选择模型"一栏，选择"来自已有智能标注任务"选项。选择模型时需选择来自同一版本的模型，所以此处选择版本为V1的模型。注意不要选错模型，否则极易标注错误。设置完成后，单击"提交"按钮创建新的智能标注任务。

图11-43　提交第二次智能标注任务

（39）等待约5分钟后，可以发现图11-44中序号3对应任务"操作"栏下的"确认结果"可以被单击，即代表标注已经完成。单击"确认结果"，即可进入在线标注界面。

序号	数据集版本ID	数据集组名称	版本	标注类型	智能标注状态	操作
1	179087	垃圾分类	V3	主动学习	● 运行中	查看进度 确认难例 中止任务
2	179086	垃圾分类	V2	指定模型 ☺	● 运行中	查看进度 确认结果 中止任务
3	179070	垃圾分类	V1	指定模型 ☺	● 运行中	查看进度 确认结果 中止任务
4	179070	垃圾分类	V1	主动学习	● 已完成	重新启动 查看记录
5	179086	垃圾分类	V2	主动学习	● 已中止	重新启动 查看记录

图 11-44　单击"确认结果"

（40）确认标注情况并进行保存，待所有图片都标注完成后，该类数据就标注完成了。如图 11-45 所示，数据集的无标注信息已更新为"0"。

全部(501)　　有标注信息(501)　　**无标注信息(0)**　　待确认标注(0)

图 11-45　单类数据标注完成界面

（41）按照同样的操作方法，完成其他两类数据的标注。数据都标注完成后，单击左侧导航栏的"数据总览"标签页，可以看到该数据集各版本的标注状态均为"100%"，如图 11-46 所示。

垃圾分类　数据集组ID: 171992

版本	数据集ID	数据量	最近导入状态	标注类型	标注状态
V3 ⋯	179087	482	● 已完成	图像分割	100% (482/482)
V2 ⋯	179086	594	● 已完成	图像分割	100% (594/594)
V1 ⋯	179070	501	● 已完成	图像分割	100% (501/501)

图 11-46　完成所有数据的标注

步骤 4：训练模型

本项目所需的数据集上传并标注完成后，即可通过以下步骤进行模型训练，并查看模型校验效果。

（1）单击左侧导航栏的"训练模型"标签页，如图 11-47 所示，进入相应界面。

（2）"训练配置"中的相关选项保持默认设置即可，如图 11-48 所示。

图 11-47　单击"训练模型"标签页

图 11-48　"训练配置"中的相关选项保持默认设置

（3）在"添加数据"一栏，单击"+请选择"按钮，如图11-49所示，进入数据集添加界面。

（4）在该界面中，分别添加步骤3中所标注的3个数据集以及勾选数据标签。此处以"垃圾分类V3"为例，勾选对应标签后，单击"添加"按钮，即可完成数据集的添加，如图11-50所示。

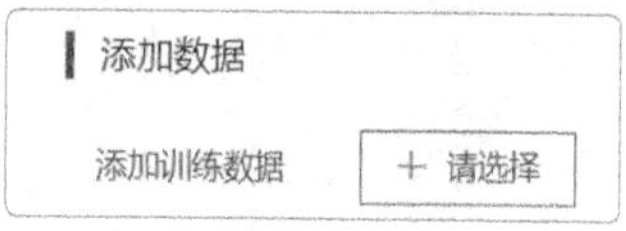

图11-49 单击"+请选择"按钮

图11-50 选择数据集和标签

（5）数据集添加完成后，可以看到添加的所有数据集的信息，如图11-51所示。

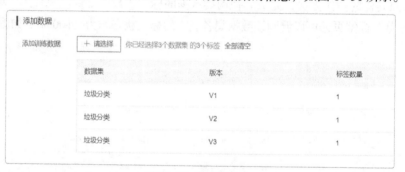

图11-51 数据集信息

（6）如图11-52所示，确认训练数据选择无误后，其他选项保持默认设置，单击"开始训练"按钮，即可启动模型训练。

图11-52 单击"开始训练"按钮

（7）如图11-53所示，单击"训练状态—训练中"旁的叹号图标 ，可查看训练进度，还可以设置在模型训练完成后发送提醒短信至个人手机号。若手机号设置有误，可单击手机号旁的编辑按钮☑来修改手机号。训练时间与数据量大小有关，本次训练大约会耗时 4 小时。4 小时后，刷新界面，查看模型是否训练完成。

图 11-53　查看训练进度

（8）训练完成后，可以看到该模型的效果。单击右侧"操作"栏下的"查看版本配置"，如图 11-54 所示，查看各分类的模型效果。

图 11-54　单击"查看版本配置"

（9）如图 11-55 所示，在版本配置界面可以查看该训练任务的开始时间、任务时长、训练时长及训练算法等。其中，任务时长指的是从任务开始到任务结束的时间，包括数据获取、数据处理、模型训练、模型评估等阶段所需的时间；训练时长是指模型训练阶段的耗时，该阶段主要进行自动超参搜索、自动算法选择、模型训练等操作。在"数据详情"下的"训练集"中可以查看各分类的训练效果。

图 11-55　查看版本配置信息

（10）回到我的模型界面，单击图 11-56 中的"模型效果"栏下的"完整评估结果"，查看评估报告。

图 11-56 单击"完整评估结果"

（11）如图 11-57 所示，在评估报告的"整体评估"一栏，可以看到基本结论为：垃圾分类 V1 效果优异。在评估报告中还可以看到各指标数据，这里可以看到各指标的值都较高，表明训练效果比较好。

图 11-57 评估报告

（12）如图 11-58 所示，在评估报告的"详细评估"一栏，可以看到不同阈值下 F1-score 的表现。可以看到在阈值为 0.6 时，F1-score 的值最高，为 0.8。因此，建议在校验模型时设置阈值为 0.6。

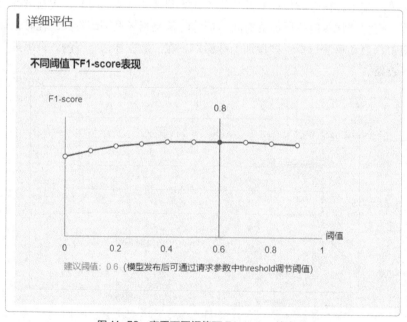

图 11-58 查看不同阈值下 F1-score 的表现

（13）在"详细评估"一栏还可以看到各分类标签对应的错误示例，单击图片即可查看错误详情，如图 11-59 所示。需修改标注，再次进行训练。

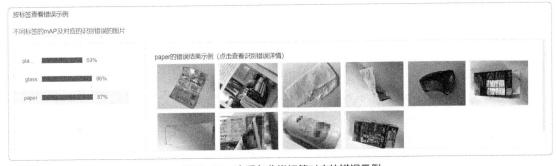

图 11-59　查看各分类标签对应的错误示例

（14）接下来可以校验模型，以测试模型的效果。单击左侧导航栏的"校验模型"标签页，接着单击"启动模型校验服务"按钮，等待 2 分钟左右，如图 11-60 所示，即可进入校验模型界面。

图 11-60　等待模型校验服务启动

（15）通过网络采集或自行拍摄等方式，准备测试集。之后，单击校验模型界面中间的"点击添加图片"按钮，如图 11-61 所示，选择自行准备的测试集中的一张图像并打开，等待校验。

图 11-61　校验模型界面

（16）如图 11-62 所示，在界面右侧可以查看对应的预测结果，可以看到在阈值为 0.6 的情况下的模型预测的标签及对应的置信度，这里可以看到"glass"的置信度为 92.77%，识别结果正确。至此，完成模型的训练和校验。

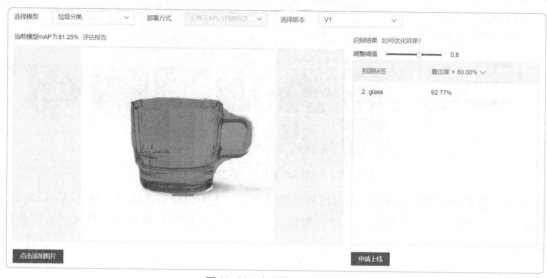

选择模型　垃圾分类　∨　部署方式　公有云API（目前仅支∨　选择版本　V1　∨

当前模型mAP为81.25%　评估报告

识别结果　如何优化效果？

调整阈值　━━━○━━━　0.6

预测标签　　　　置信度 > 60.00% ∨

2. glass　　　　92.77%

点击添加图片　　　　　　申请上线

图 11-62　查看模型识别结果

 知识拓展

目前我国正大力推行垃圾分类工作，垃圾分类有什么意义呢？垃圾分类是对传统垃圾收集处理方式的改革，是对垃圾进行有效处理的一种科学管理方法，垃圾分类的意义主要为以下 3 点。

1. 减少环境污染

部分废弃电池中含有金属汞、镉等有毒物质，会对人造成严重危害；土壤中存在废塑料会使作物产量减少；废塑料被动物误食，可能会造成动物死亡。这类垃圾如果通过填埋或堆放的方式处理，即使将垃圾掩埋在远离生活区的地方，并采取相应的隔离措施，也难以阻止有害物质的渗透。这些有害物质会随着地球的生态循环进入整个生态系统，污染水源和土地，最终影响人们的健康。

2. 节省土地资源

垃圾填埋、垃圾倾倒等垃圾处理方式会占用大量土地资源，且垃圾填埋场基本均为不可复原的场所，这意味着垃圾填埋场不能作为生活区再利用。此外，生活垃圾中有些物质不易降解，会对土地造成严重侵蚀。实施垃圾分类，去除可回收和不可降解的物质，将有效减少 60% 以上的垃圾量。

3. 再生资源的利用

再生资源指的是能够反复回收加工再利用的物质资源，它包括以矿物为原料生产并报废的钢铁、有色金属、稀有金属、合金、无机非金属、塑料、橡胶、纤维、纸张等，都称为再生资源。然而，再生资源的浪费对整个生态系统造成的损失无法估计。因此，在处理垃圾之前，积极通过垃圾分类和回收，可以将垃圾变废为宝，能够促进再生资源的有效利用。例如：回收 1 吨废塑料，可提炼约 600 千克柴油；回收 1500 吨废纸，可有效避免砍伐用于生产 1200 吨纸的林木，减少森林资源浪费；回收的果皮和蔬菜等生物废物可用作绿色肥料，能使土地更加肥沃。

课后实训

（1）关于垃圾分类，下列说法正确的是（　　）。【单选题】

    A. 垃圾分类不具有经济价值

    B. 垃圾填埋场属于不可复原的场所

    C. 填埋垃圾就可以杜绝有害物质渗透

    D. 智能垃圾分类亭一般不具备手机二维码授权认证投放方式

（2）关于智能垃圾分类项目，正确的实施流程是（　　）。【单选题】

    ①数据标注；②数据采集；③数据处理；④模型训练

    A. ③②①④　　　　B. ③①②④　　　　C. ②③①④　　　　D. ②①③④

（3）在数据的采集和处理过程中，下列说法错误的是（　　）。【单选题】

    A. 通过摄像头可以自动采集图像数据

    B. 采集网络数据时无须网页解析源代码

    C. 通过数据可视化可以了解数据的特点

    D. 提高数据质量非常重要的一步是数据清洗

（4）EasyDL 平台的图像分割模型不具备以下哪种标注工具？（　　）【单选题】

    A. 直线　　　　　　B. 圆形　　　　　　C. 多边形　　　　　D. 长方体

（5）关于模型效果的评估，下列说法错误的是（　　）。【单选题】

    A. 若希望减少误识别，则需要关注精确率

    B. 若希望减少漏识别，则需要关注召回率

    C. 不同阈值下 F1-score 的表现是一样的

    D. F1-score 可以兼顾精确率和召回率

项目12
深度学习情感分析应用实战

12

随着互联网技术的全面发展，人们在网络上表达意见和提出建议已经成为常态，如在电商网站上对商品进行评价，在社交媒体中对品牌、产品等进行评价。这些网站、平台上的评价都蕴含着巨大的商业价值，如某网络电商公司可分析社交媒体上广大用户对于某件商品的评价，如果负面评价突然增多，便可以迅速采取相应的措施。而这种对于正负面评价的分析就是情感分析的主要应用。

项目目标

（1）了解情感分析的行业背景。
（2）熟悉智能情感分析的流程。
（3）能够基于情感分析场景完成数据采集、数据处理及数据标注。
（4）能够使用深度学习模型定制平台EasyDL训练智能情感分析模型。

 ## 项目描述

本项目主要以情感分析为例，介绍文本情感分析的开发流程，最后将通过 EasyDL 平台开展"情感分析"项目，使读者掌握基于情感分析场景的数据采集、数据处理及数据标注。

 ## 知识准备

12.1 情感分析的行业背景

"互联网时代"的到来，尤其是在新的互联网技术 Web 2.0 出现以后，越来越多的互联网用户开始从单纯地获取互联网信息逐渐转向创造互联网信息。互联网中的论坛、博客、讨论组等中出现了大量的由用户发布的主观性文本。这些主观性文本可能是用户对某个产品、服务或品牌的评论、评价，或者是对某个新闻事件的观点等。商家可以通过浏览消费者在购买某个产品或服务时发表的评论来了解产品情况，并为决策提供参考。

由此可见人们需要利用各种方法对这些主观性文本进行信息挖掘，将其可视化，以提高结果的可读性。但是，网上的这些主观性文本每天以指数级的速度增长，如果仅靠人工来逐条分析，则需要消耗大量的人力和时间，成本较高。因此，采用计算机来自动地对主观性文本表达的情感进行分析，成为目前学术界研究的一个热点，这个热点的研究方向就是情感分析（Sentiment Analysis），或称为意见挖掘。

情感分析是指用自然语言处理、文本挖掘以及计算机语言学等方面的方法来识别和提取原素材中的主观信息。情感分析主要是分析人们通过文本表达的对某个实体的观点、情感、评价、态度和情绪等，这里的实体可以是产品、服务、组织机构、个人、事件和各种话题等。

以下通过一个具体案例，介绍情感分析如何将数据进行可视化，并为企业决策提供参考。

首先应了解企业的业务需求。某企业拥有唯一的视频全网数据开放平台，其依托领先的数据挖掘与分析技术，为视频内容创作者在节目创作和用户运营方面提供数据支持，为广告商的广告投放提供数据参考和效果监测，为内容投资者提供全面、客观的价值评估。比如，通过对一档节目的播放量、评论、弹幕、顶/踩量的数值分析，可以得出该节目的热度、用户参与度等信息。不过，通常内容创作者还需要了解视频用户的情感趋势与关注热点，广告商需要了解广告投放成效和口碑优劣，内容投资者需要了解节目的垂直程度和业内价值，而只是提供"冷冰冰"的数据是无法达到各类使用者的预期效果的。因此，急需通过情感分析、口碑分析、话题监控、舆情分析，以及数据可视化，来指引创作方向和运营方式。

基于该企业的业务需求，可以整合节目下的所有评论内容，通过对用户评论进行关键词提取，获取关键词在节目评论中的权重，再按照权重以词云形式展示关键词，从而定位用户的关注热点，如图 12-1 所示。

除了关键词提取，还可以通过加入自然语言情感倾向分析技术，实现对节目的评论信息的情感分析，以反映节目的用户口碑，如图 12-2 所示。

图 12-1 关键词可视化展示

图 12-2 情感分析可视化展示

基于大数据和深度学习的训练，通过自然语言情感分析技术，对主观性较强、语句较长的视频用户评论进行情感分析和可视化展示，能够使情感分析的结果更易于理解，同时也能使相关信息更加有效地被应用和传播，可为企业研究人员洞察数据特点、总结新知识提供帮助。比如，通过对节目评论的情感倾向分析，在大数据的基础上添加舆情分析，可以从量和质两个维度综合分析节目价值。并且，在对用户评论关键词进行提取的同时分析情感倾向，可在很大程度上对一档节目质量的优劣进行整体评估。

12.2 智能情感分析的流程

文本情感分析中的一个基本步骤，是对文本中的某段已知文本的两极性进行分类。分类的作用就是判断出此文本中表述的观点是积极的、消极的还是中性的情绪。更高级的"超出两极性"的情感分析还会寻找更复杂的情绪状态，如"气愤""难过""开心"等。

12.2.1 数据准备

在数据准备阶段，可以利用网络数据抓取技术，如开源爬虫程序或工具，从网络上获取原始评论数据。本项目会提供数据集。该数据集收集了 8 类情感的微博语料，总共有 26462 条文本。该数据集中 8 类情感对应的标签如表 12-1 所示。

表12-1　8类情感对应的标签

情感	标签	标签值
中性	none	0
喜欢	like	1
悲伤	sadness	2
快乐	happiness	3
生气	anger	4
厌恶	disgust	5
惊喜	surprise	6
恐惧	fear	7

12.2.2 数据处理

对原始数据进行处理是一个必要的步骤，这会让提取信息和机器学习算法的处理变得简单。在真实的采集过程中，文本数据不可避免地会存在许多重复值、缺失值、离散值、噪声信息等，因此需要对这些数据进行处理。以下是需进行处理的数据示例。

（1）重复值：内容重复，示例数据如表 12-2 所示。

表12-2 重复值示例数据

序号	内容	标签值
2348	说说自己的观后感呗！	0
2349	说说自己的观后感呗！	0

（2）缺失值：缺失内容或标签值，示例数据如表12-3所示。

表12-3 缺失值示例数据

序号	内容	标签值
2361		0
2362	享受每一刻的感觉，欣赏每一处的风景，这就是人生。	

（3）离散值：标签值为 0 ～ 7 以外的数值，示例数据如表 12-4 所示。

表12-4 离散值示例数据

序号	内容	标签值
2504	所以不要那么轻易许下承诺。	9
2619	我手头刚好有本《诗经：中华经典名著全本全注全译》，下为插图	9

12.2.3 数据标注

数据标注是对未经处理的初级数据进行加工处理，并将其转换为机器可识别的信息的过程。现在，研究人员无须掌握复杂的算法含义，无须具备数据科学背景，只需通过简单的"选中、拖曳"操作即可快速对数据进行标注并进行模型训练，这解决了大部分企业面临的情感分析难题。本项目将介绍通过 EasyDL "文本分类 - 单标签"模型进行数据标注。

12.2.4 模型训练

数据准备并标注完成后，即可进行模型构建与模型训练，以评估模型效果，最终实现将模型部署至业务场景进行应用。

1. 模型训练

此步骤可通过 EasyDL 平台进行，所有与模型训练相关的操作都可以在网页上进行，无须编程，可快速定制 AI 模型，大幅降低线下搭建训练环境、自主编写算法代码的相关成本。该平台提供大量免费的 GPU 训练资源，用于模型迭代和效果验证，可有效降低项目开发和测试成本。

2. 效果评估

EasyDL 平台支持通过模型评估报告或模型在线校验功能来了解模型的训练效果。通常很难一次就训练出最佳的模型效果，可能需要结合模型评估报告和校验结果不断扩充数据和进行调试与优化。为此，该平台特地设计了模型迭代功能，即当模型训练完毕后，会生成一个最新的版本号，第一个是 V1，之后是 V2，以此类推。可以通过调整训练数据和算法，多次训练，以获得更好的模型效果。

3. 模型部署

训练完成后，可通过 EasyDL 将模型部署在公有云、私有服务器上，以使其灵活适配各种使用场景及运行环境。

项目实施 | 情感分析

12.3 实施思路

通过项目描述与知识准备内容的学习，读者应该已经基本了解了智能情感分析项目的基本开发流程。现在回归 EasyDL 平台，尝试开发"情感分析"项目，使读者掌握文本类人工智能项目的开发流程。以下是本项目实施的步骤。

（1）准备数据。

（2）处理数据。

（3）标注数据。

（4）训练模型。

12.4 实施步骤

步骤 1：准备数据

用于本项目模型训练和模型校验的数据集已保存于人工智能交互式在线实训及算法校验系统本项目对应的实验环境中，数据集文件名称为 "moods_8_unprocessed.xlsx"。

步骤 2：处理数据

（1）原始数据中难免会存在一些重复值或缺失值等，可以通过以下步骤进行数据处理，代码如下。

```
# 导入库
import pandas as pd
import numpy as np
import matplotlib.pyplot as plt

# 读取数据
df = pd.read_excel('./data/moods_8_unprocessed.xlsx')

# 通过前 10 行数据进行概览
df.head(10)
```

输出结果如下。

	num	text	label
0	1	瞧着这小样儿，突然间感动了，爸妈怎么把我拉扯大的呀～～～	3.0
1	2	习惯和凑和的力量何其强大，改变总是被逼到无法接受的程度以后才会发生，这时仍要忍受数小时的漫长……	0.0
2	3	5.尽量在 7 点前起床，这样有利于排出宿便。	0.0
3	4	原来不知道在何时开始，我已经不再是儿童了，不再是那个可以撒娇的小孩子了！	2.0
4	5	宝贝，节日快乐。	1.0
5	6	我们还要这样的阳光吗？	5.0
6	7	据说济南最低温度为 24 摄氏度，可今天青岛最高才 21 摄氏度……	6.0
7	8	据说济南最低温度为 24 摄氏度，可今天青岛最高才 21 摄氏度……	6.0
8	9	这才是你的舞台啊！！！	5.0
9	10	享受每一刻的感觉，欣赏每一处的风景，这就是人生。	0.0

可以看到如上所示的前 10 行文本数据的情况。若需查看不同行数，可以改变 head() 函数中参数的值，默认值为 5。接着可以使用 info() 函数查看数据格式，代码如下。

```
# 查看数据格式
df.info()
```

输出结果如下。

```
<class'pandas.core.frame.DataFrame'>
RangeIndex:26462 entries,0 to 26461
Data columns(total 3 columns):
#   Colunms  Non-Null Count  Dtype
--- -------  --------------  -----
0   num      26462 non-null  int64
1   text     26432 non-null  object
2   label    26455 non-null  float64
Dtypes:float64(1),int64(1),object(1)
Memory usage:620.3+ KB
```

可以看到，数据总共有 26462 条。num 列的数据类型为 int，text 文本列的数据类型为 object，label 标签列的数据类型为 float。在简单了解完数据以后，接下来可以进行数据处理。

```
# 查看是否存在缺失值
df.isnull().any()
```

输出结果如下。

```
Num    False
text   True
label  True
Dtype:bool
```

从结果可以看到，text 和 label 列均存在缺失值。因此，接下来需要对缺失值进行处理。

```
# 查看有缺失值的完整数据
df[df.isnull().values==True]
```

输出结果如下。

	num	text	label
17	18	NaN	0.0
47	48	NaN	0.0
92	93	NaN	0.0
367	368	NaN	0.0
1101	1102	NaN	0.0
1112	1113	NaN	0.0
1161	1162	NaN	0.0
1208	1209	NaN	0.0
1249	1250	NaN	0.0
1705	1706	2、总是和别人比较。	NaN
2141	2142	在最艰难的时刻，更要相信自己手中握有最好的"猎枪"。	NaN
2188	2189	今日话题：全国高考今日拉开帷幕，各地高考作文题陆续公布。	NaN
2278	2279	今天六一节，感觉没有什么不同的，很多朋友互相问候节日快乐！	NaN
...	...	...	...
14592	14593	NaN	5.0
20281	20282	NaN	0.0
20380	20381	NaN	0.0
20478	20479	NaN	0.0
20569	20570	NaN	0.0
23780	23781	NaN	5.0

（2）由于相对总数据量缺失值较少，且在文本情感分类的数据中填充数据的意义不大，因此可采用直接删除的方式对缺失数据进行处理。接着再次检查是否存在缺失数据，代码如下。

```
#subset = ['text','label'] 表示进行操作的列为 text 和 label
#axis：轴。0 或 index，表示按行删除；1 或 columns，表示按列删除
#how：筛选方式。any 表示该行 / 列只要有一个以上的空值，就删除该行 / 列；all 表示若该行 / 列
都为空值，就删除该行 / 列
#inplace: 若值为 True，则在原 DataFrame 上进行操作
df.dropna(subset = ['text','label'],axis = 0, how = 'any',inplace = True)

# 再次检查是否存在缺失值
df.isnull().any()
```

输出结果如下。

```
Num   False
text  False
```

```
label  False
Dtype:bool
```

从结果可以看到，数据集中不存在缺失值了，即对文本数据缺失值的处理已经完成。

（3）接下来进行重复数据的处理。考虑到 label 列的数字代表情感的分类，存在重复数据为正常情况。所以重复数据查找工作是在 text 列进行的。

```
# 在 text 列查找重复数据
df[df.duplicated('text')]
```

输出结果如下。

	num	text	label
7	8	据说济南最低温度为 24 摄氏度，可今天青岛最高才 21 摄氏度……	6.0
109	110	地动山摇！	0.0
154	155	每一个人都应该经常问自己，我为国为家做过一些值得骄傲的贡献吗？	0.0
200	201	生日快乐啊	1.0
220	221	……突然觉得……	0.0
...	...	... ...	
26457	26458	目光呆滞、反应迟钝、四肢无力，就差发烧了，自己还美滋滋地说帅得不行！	2.0
...	...	... ...	

13537 rows × 3 columns

结果显示共有 13537 条重复数据。接下来需要对重复数据进行处理。

```
#keep：对重复值的处理方式，可选值为 first、last、False。默认值为 first，即保留重复数据的第
一条。若值为 last 则为保留重复数据的最后一条，若值为 False 则删除全部重复数据。
df.drop_duplicates(subset = 'text', keep = 'first',inplace = True)
```

```
# 再次检查是否仍存在重复数据
df.duplicated('text').any()
```

输出结果如下。

```
False
```

从结果可以看到，数据集中不存在重复值了，即对文本数据重复值的处理已经完成。

（4）数据清洗的最后一步要进行异常数据的处理。首先采用箱线图法进行异常数据的检测。

```
# 绘制箱线图（1.5 倍的四分位差，如需绘制 3 倍四分位差的图，只需调整 whis 参数）
plt.boxplot(x = df.label, # 指定绘制箱线图的数据
    whis = 1.5, # 指定 1.5 倍的四分位差
    widths = 0.7, # 指定箱线图的宽度为 0.7
    patch_artist = True, # 指定需要填充箱体颜色
    showmeans = True, # 指定需要显示均值
    boxprops = {'facecolor':'steelblue'}, # 指定箱体的填充色为铁蓝色
    # 指定异常点的填充色、边框色和大小
    flierprops = {'markerfacecolor':'red', 'markeredgecolor':'red', 'markersize':4},
```

```
       # 指定均值点的标记符号（菱形）、填充色和大小
       meanprops = {'marker':'D','markerfacecolor':'black', 'markersize':4},
       medianprops = {'linestyle':'--','color':'orange'}, # 指定中位数的标记符号（虚线）和颜色
       labels = [''] # 去除箱线图的 x 轴刻度值
       )
   # 显示图形
   plt.show()
```

输出结果如图 12-3 所示。

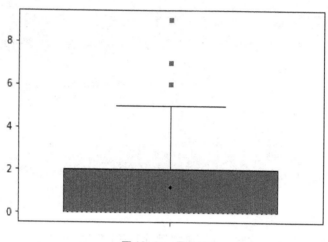

图 12-3　显示图形

从图 12-3 中可以看到，至少存在 3 个异常值。为了确定具体的数值，可以通过以下代码进行查询。

```
   # 计算下四分位数和上四分位数
   Q1 = df.label.quantile(q = 0.25)
   Q3 = df.label.quantile(q = 0.75)


   # 基于 1.5 倍的四分位差计算上、下须对应的值
   low_whisker = Q1 - 1.5*(Q3 - Q1)
   up_whisker = Q3 + 1.5*(Q3 - Q1)
```

从图 12-3 中可以看到利用箱线图查询出的异常值为 6、7 和 9。但根据表 12-1 可知，数据中 6 和 7 为正常值。这里检测出异常是因为 label 中 6 和 7 的数据较少。而根据表 12-4 可知 9 即真正的异常值。检测出真实异常值以后，需要对异常数据进行清洗，代码如下。

```
   # 查找异常数据
   df[df['label'] == 9.0]
```

输出结果如下。

num	text		label
1758	1759	让我们的生活一直有新鲜感。	9.0
2503	2504	所以不要那么轻易许下承诺。	9.0

2618	2619	我手头刚好有本《诗经：中华经典名著全本全注全译》，下为插图	9.0
11654	11655	没什么原因，也许只是一个温和的笑容，一句关切的问候。	9.0
11863	11864	（中国新闻网）	9.0
11950	11951	精英大赛新店赛与复活赛即将拉开序幕，来自七个大区的复活选手以及10家	
		店的选手将争夺总决赛最后……	9.0
12038	12039	4、缅甸国家队夺魁。	9.0
12131	12132	康康女两岁左右。	9.0

从结果可知，共有 8 条异常数据，可直接使用 drop() 函数将它们删除，并使用 any() 函数查看是否仍存在异常值。

```
# 将异常数据删除
df.drop((df[df['label']==9.0]).index, inplace=True)


# 再次检查是否仍存在异常值
(df['label']==9.0).any()
```

输出结果如下。

```
False
```

由输出结果可知，数据集中不存在异常数据了。到此，对文本数据的处理已经完成。

（5）接下来可以通过以下步骤对数据进行可视化。

```
# 查看处理后的数据概况
df.info()
```

输出结果如下。

```
<class'pandas.core.frame.DataFrame'>
Int04Index:12879 entries,0 to 26052
Data columns(total 3 columns):
#   Colunms   Non-Null Count   Dtype
--- -------   --------------   -----
0   num       12879 non-null   int64
1   text      12879 non-null   object
2   label     12879 non-null   float64
Dtypes:float64(1),int64(1),object(1)
Memory usage:402.5+ KB
```

由输出结果可知，清洗完毕以后数据由原来的 26462 条变成了 12879 条。通过以下代码实现可视化。

```
# 解决中文显示问题
plt.rcParams['font.sans-serif'] = ['SimHei']
plt.rcParams['axes.unicode_minus'] = False


# 统计不同情感文本的数据量
```

```
df.label.value_counts()

# 绘制饼状图来展示不同情感文本的占比
# 设置标签
labels = ['中性','喜欢','悲伤','快乐','生气','厌恶','惊喜','恐惧']
# 设置数值
sizes = [8055,1202,816,694,702,985,306,112]
# 绘制图像
fig, ax = plt.subplots()
ax.pie(sizes,labels = labels,autopct='%1.1f%%',shadow=False,startangle = 150)
# 设置图像标题
ax.set_title('各种情绪的比例')
# 展示图像
plt.show()
```

输出结果如图 12-4 所示。

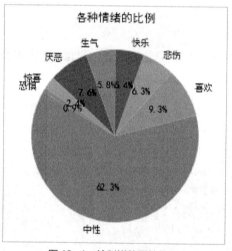

图 12-4 绘制饼状图的结果

从图 12-4 可以看出，主观感情强烈的情感文本中，喜欢（like）情感文本的占比最大，达到 9.3%；其次是厌恶（disgust），达到 7.6%；恐惧（fear）的占比最少，仅为 0.9%。

通过以下代码保存处理好的数据。

```
# 保存处理好的数据
df.to_excel('moods_8_processed.xlsx',index=False, encoding='utf-8_sig')
```

将处理后的文件 moods_8_processed.xlsx 下载并保存至本地，便于后续将数据导入 EasyDL。经过上述所有步骤，便可完成情感分类文本数据的清洗、分析以及可视化的全部工作。

步骤 3：标注数据

接下来通过以下步骤，基于 EasyDL 进行文本数据标注。

（1）登录人工智能交互式在线实训及算法校验系统，进入本项目的实验环境。单击"控制台"中"AI 平台实验"的百度 EasyDL 的"启动"按钮，进入 EasyDL 平台，如图 12-5 所示。

图12-5 EasyDL 零门槛 AI 开发平台界面

（2）单击"立即使用"按钮，会弹出图12-6所示的"选择模型类型"对话框，在该对话框中选择"文本分类-单标签"选项，进入登录界面，输入账号和密码。

图12-6 "选择模型类型"对话框

（3）进入"文本分类-单标签"模型管理界面后，在左侧的导航栏中单击"我的模型"标签页，接着单击"创建模型"按钮，如图12-7所示，进入信息填写界面。

（4）如图12-8所示，在"任务场景"一栏选择"短文本分类任务"选项，该场景适合文本长度小于512个字符的中文文本数据。如需对其他语种的文本进行训练，则可以选择"多语种文本分类任务"选项，目前平台支持94种语言。

（5）如图12-9所示，在"模型名称"一栏输入"情感分析"，在"模型归属"一栏选择"个人"，并输入个人的邮箱地址和联系方式，在"功能描述"一栏输入该模型的作用，该栏需要输入多于10个字符但不能超过500个字符的内容。信息填写完成后，单击"下一步"按钮即可成功创建模型。

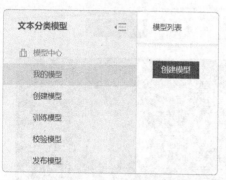

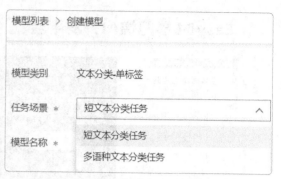

图 12-7　单击"我的模型"标签页—"创建模型"按钮　　　　图 12-8　选择"短文本分类任务"选项

图 12-9　创建模型

（6）单击左侧导航栏的"我的模型"标签页即可看到所创建的模型，如图 12-10 所示。单击左侧导航栏的"数据总览"标签页，接着单击"创建数据集"按钮，进入信息填写界面。

图 12-10　所创建的模型的列表

（7）如图 12-11 所示，在"数据集名称"一栏输入"情感分析"，在"数据集属性"一栏选择"数据不去重"，其他选项保持默认设置，信息填写完成后，单击"完成"按钮即可创建数据集。

（8）数据集创建完成后，即可在数据总览界面中看到所创建的数据集的信息，包括版本、标注类型、标注状态等。如图 12-12 所示，单击该数据集右侧"操作"栏下的"导入"，进入"导入数据"界面。

图 12-11　创建数据集

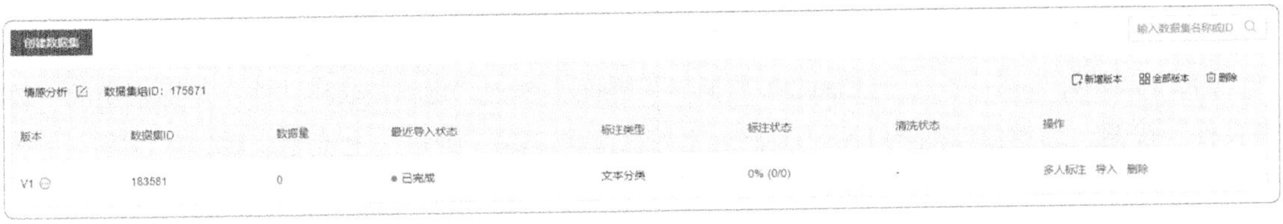

图 12-12　单击"导入"

（9）在"数据标注状态"一栏选择"有标注信息"选项，在"导入方式"一栏选择"本地导入—上传 Excel 文件"选项，如图 12-13 所示。

图 12-13　设置数据导入方式

（10）单击"上传 Excel 文件"按钮，会弹出"上传 Excel 文件"对话框，如图 12-14 所示。查看上传要求：使用第一列作为待标注文本，第二列作为标注信息列（此列仅支持数字或字母），每行是一组样本，每组数据的字符建议不超过 512 个字符（包括中英文字符、数字、符号等），超出的字符可正常保存，但可能无法参与训练。

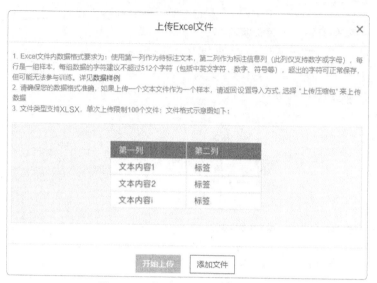

图 12-14 "上传 Excel 文件"对话框

（11）打开处理后的文件 moods_8_processed.xlsx，查看文件是否符合要求，如图 12-15 所示。打开该文件后发现总共有 3 列内容，需删除 num 列，保留 text 列作为待标注文本，保留 label 列作为标注信息列。首行作为表头会被系统忽略，不会被导入数据集。

（12）调整好表格后，回到 EasyDL 数据导入界面，单击"上传 Excel 文件"对话框中的"添加文件"按钮，选择修改后的 Excel 文件并上传。如图 12-16 所示，上传完成后，可以在"上传 Excel 文件"按钮旁看到所上传的文件数量，单击"确认并返回"按钮。

图 12-15 查看文件 moods_8_processed.xlsx

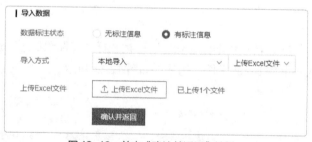

图 12-16 单击"确认并返回"按钮

（13）单击"确认并返回"按钮后会回退到数据总览界面，如图 12-17 所示，此时可以看到该数据集的最近导入状态为"正在导入 ..."，数据量也在持续变化。由于数据量较大，本次数据导入大约需要 6 分钟，可于 6 分钟后刷新页面，查看是否上传完成。

图 12-17 数据集正在导入

（14）如图 12-18 所示，数据集上传完成后，可以看到最近导入状态已更新为"已完成"，数据量为"12879"，与 Excel 文件里的样本数一致。从标注状态为"100%(12879/12879)"可知，这些数据均已进行了标注。

图 12-18　数据集导入已完成

（15）单击数据集右侧"操作"栏下的"查看"，进入"数据查看"界面后，单击界面上方的"有标注信息（12864）"，查看数据的标注情况，如图 12-19 所示。可以看到该数据集总共有 8 个标签，还可以看到各个标签对应的数据量和文本。

图 12-19　查看数据的标注情况

步骤 4：训练模型

通过步骤 3，已经将本项目所需的数据集上传并标注完成，接下来可以通过以下步骤进行模型训练，并查看模型校验效果。

（1）单击左侧导航栏的"训练模型"标签页，如图 12-20 所示，进入模型"训练配置"界面。

（2）在模型"训练配置"界面中，在"部署方式"一栏选择"公有云部署"选项，在"选择算法"一栏可以选择不同的算法选项。若选择"高精度"，模型的预测准确率更高，少于 1000 个样本的数据集同样有好的训练效果，预计 20 分钟左右可完成 1000 个样本的训练；若选择"高性能"，则在相同训练数据量的情况下，在 15 分钟左右可完成 1 万个样本的训练，准确率平均比高精度算法的低 4% ～ 5%。此处可选择"高精度"。在"模型筛选指标"一栏可以选择不同的模型选择方式，不同方式对应的模型各项效果指标将有所不同，默认选择"模型兼顾 Precision 和 Recall"，如场景中没有对精度或召回率的特别要求，建议使用此默认指标，如图 12-21 所示。

图 12-20　单击"训练模型"标签页

图 12-21　设置训练配置

（3）在"添加训练数据"一栏单击"+请选择"按钮，如图 12-22 所示。

图 12-22　单击"+请选择"按钮

（4）如图 12-23 所示，在弹出的"选择分类数据集"对话框的"数据集"一栏用户可以选择自己创建的数据集，也可以选择平台内置的公开数据集。在"数据集"一栏下方勾选"展示公开数据集"后，即可在数据集被选择时公开数据集的数据进行模型训练。平台目前提供的公开数据集包括 chnsenticorp - 情感分类 - 训练数据集、chnsenticorp - 情感分类 - 评测数据集和 emotion 共3 个文本分类数据集。单击左侧导航栏的"公开数据集"标签页即可查看这些公开数据集的数据量，单击对应数据集右侧"操作"栏下的"查看"即可查看数据集的文本内容及标注信息。

（5）如图 12-24 所示，此处选择所创建的数据集进行模型训练，在"数据集"一栏选择"情感分析 V1"选项；在"可选标签"一栏选择想训练的分类，若全选 8 个分类进行训练，训练完成大约需要 1.5 小时，用户可根据自己的时间进行选择，此处可以勾选所有复选框。标签选择完成后，单击"添加"按钮添加数据。

图 12-23　勾选"展示公开数据集"

图 12-24　选择数据集和标签

（6）回到训练模型界面，如图 12-25 所示，在该界面可以看到已经选择了一个数据集中的 8个分类。如果数据集选择错误，可以单击"全部清空"，重新选择数据集；如果需要查看所选分类，可以单击数据集右侧"操作"栏下的"查看详情"按钮。

图 12-25　训练数据添加完成

（7）如图 12-26 所示，在"训练环境"一栏选择"GPU P40"选项，设置完成后，单击"开始训练"按钮。

图 12-26　设置训练环境

（8）此时会弹出图 12-27 所示的"提示"对话框，提示"各分类的训练数据量分布不均匀，模型效果可能不太理想，是否调整后再进行训练？"。若有其他数据可以补充，则单击"放弃训练"按钮，回到数据总览界面，对数据集进行扩充调整；若没有其他数据补充，则直接单击"继续训练"按钮，开始模型训练。此处可以单击"继续训练"按钮。

图 12-27 "提示"对话框

（9）如图 12-28 所示，单击"训练中"旁的"叹号"图标 ⊡，可查看训练进度，还可以设置在模型训练完成后发送提醒短信至个人手机号。若手机号设置有误，可单击手机号旁的编辑按钮 ☑ 来修改手机号。训练时间与数据量大小有关，本次训练大约耗时 1.5 小时。1.5 小时后刷新界面，查看是否训练完成。

图 12-28 查看训练进度

（10）训练完成后，可以看到该模型的效果。单击右侧"操作"栏下的"查看版本配置"，查看各分类的模型效果，如图 12-29 所示。

图 12-29 单击"查看版本配置"按钮

（11）在版本配置界面可以查看该训练任务的开始时间、任务时长、训练时长及训练算法等；在"训练数据集"一栏可以查看各分类的训练效果，可以看到标签"0"的训练效果优异，其他标签的训练效果良好，如图 12-30 所示。

图 12-30 查看版本配置及训练效果

（12）回到"我的模型"标签页，单击"模型效果"一栏下的"完整评估结果"，查看评估报告，如图 12-31 所示。

| V1 | 训练完成 | 未发布 | 准确率：72.67%
F1-score：0.514
完整评估结果 |

图 12-31　单击"完整评估结果"

（13）如图 12-32 所示，在评估报告的"整体评估"一栏可以看到基本结论为：情感分析 V1 效果较好。在评估报告中可以看到各指标数据，以下是各指标在 Easy DL 平台上的具体说明。

- 准确率：正确分类的样本数与总样本数之比。
- F1-score：给每个类别相同的权重，计算每个类别的 F1-score，然后求均值。
- 精确率：给每个类别相同的权重，计算每个类别的精确率，然后求均值。
- 召回率：给每个类别相同的权重，计算每个类别的召回率，然后求均值。

情感分析 V1 模型的准确率、F1-score、精确率和召回率的值如图 12-32 所示。

图 12-32　查看整体评估结果

（14）在评估报告的"详细评估"一栏可以看到从数据集中随机抽取约 30%，即 3801 个样本的预测表现，其中正确预测的样本数量为 2762，如图 12-33 所示，由此可以得出准确率约为 72.7%。

（15）在评估报告的"详细评估"一栏下方还可以查看各个分类的精确率、F1-score 等，如图 12-34 所示。

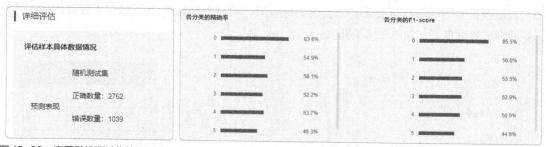

图 12-33　查看随机测试集的预测表现　　　　图 12-34　查看各个分类的指标数值

（16）接下来可以进行模型校验，测试模型的效果。单击左侧导航栏的"校验模型"标签页，接着单击"启动模型校验服务"按钮，如图 12-35 所示，等待 2 分钟左右，即可进入校验模型界面。

图 12-35　单击"启动模型校验服务"按钮

（17）在校验模型界面左侧的文本框中输入文本，如"今天六一节，感觉没有什么不同的，很多朋友互相问候节日快乐！"，如图 12-36 所示。也可以单击"点击上传文本"链接，上传单个 TXT 文件作为一个文本。

图 12-36　输入校验文本

（18）文本输入完成后，单击"校验"按钮开始校验。如图 12-37 所示，在校验模型界面右侧即可看到识别结果，此处的阈值为 0.03，预测分类"0"（none）的置信度为 99.99%，识别结果准确、模型效果较好。

图 12-37　查看模型识别结果

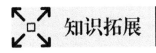

知识拓展

12.1 节和 12.2 节已经介绍了情感分析的行业背景和基本的实现流程。在项目实施中，也开展了句子粒度的智能情感分析项目。句子粒度指的是什么呢？下面就来讲解情感分析的 3 个级别粒度。

1. 文档粒度

文档级情感分析是指为观点型文档标记整体的情感倾向，即确定文档整体上传达的是积极的还是消极的观点。可见，这是一个二元分类任务，也可以将其形式化为回归任务。例如为文档按 1 星到 5 星进行评级，一些研究者也会将其看成一个 5 类分类任务。

2. 句子粒度

语句级情感分析用来标识单句中表达的情感。句子的情感可以用主观性分类和极性分类来推断；前者将句子分为主观句子或客观句子，后者则判断主观句子表示的是消极、中性还是积极的情感。

3. 短语粒度

短语粒度也称为主题粒度，指的是每一个短语都代表一个主题。与文档级和语句级的情感分析不同，短语级情感分析同时考虑了情感信息和主题信息。给定一个句子和主题特征，通过短语级情感分析可以推断出句子在对应主题特征上的情感倾向。

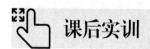 课后实训

（1）关于情感分析，下列说法中错误的是（　　）。【单选题】

    A. 可以识别和提取原素材中的主观信息

    B. 分析实体可以是产品、服务、个人、事件等

    C. 可以分析得出文本中的观点、情感、态度等

    D. 涉及自然语言处理、文本挖掘和物体检测技术

（2）情感分析技术带来的好处不包括下列哪项？（　　）【单选题】

    A. 便于了解舆情   B. 利于结果可视化

    C. 相比人工分析成本更高   D. 分析结果可为决策提供参考

（3）关于智能情感分析项目，正确的实施流程是（　　）。【单选题】

    ①数据标注；②数据准备；③数据处理；④模型训练

    A. ③②①④   B. ③①②④   C. ②③①④   D. ②①③④

（4）在对原始文本数据进行处理时，需要对以下哪些数据进行处理？（　　）【单选题】

    A. 重复值   B. 离散值   C. 缺失值   D. 以上都是

（5）关于深度学习模型定制平台 EasyDL 提供的算法，下列说法中正确的是（　　）。【单选题】

    A. 使用高精度算法得到的模型预测准确率较低

    B. 使用高性能算法得到的模型预测准确率较高

    C. 若训练数据量相同，使用高精度算法训练时间更长

    D. 若训练数据量相同，使用高性能算法训练时间更长

人工智能应用实战